新能源类专业教学资源库建设配套教材

新能源系列 —— 光伏工程技术专业

光伏产品检测技术

段春艳　班　群　林　涛　主　编

冯　源　曾　飞　张万辉　副主编

GUANGFU

CHANPIN

JIANCE JISHU

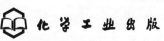

化学工业出版社

·北京·

《光伏产品检测技术》采用模块划分、任务分解的结构体系来编写，按照知识内容和光伏产业链上、中、下游的生产流程检测技术，划分为光伏产品检测技术概述、硅片检测技术、太阳电池检测技术、光伏组件检测技术、光伏系统部件及光伏电站检测技术五个模块，每个模块划分为若干任务，让学生系统而全面地学习知识和技能。

　　《光伏产品检测技术》可作为应用型本科和职业院校光伏发电技术及应用、光伏技术应用、光伏产品检测技术等相关专业的教材，也可供从事光伏产业的技术人员和技术工人学习和参考。

图书在版编目（CIP）数据

光伏产品检测技术/段春艳，班群，林涛主编.—北京：
化学工业出版社，2016.5（2024.2 重印）
（新能源系列）
光伏发电技术及应用专业规划教材
ISBN 978-7-122-26498-5

Ⅰ.①光…　Ⅱ.①段…　②班…　③林…　Ⅲ.①光电池-
检测-教材　Ⅳ.①TM914.07

中国版本图书馆 CIP 数据核字（2016）第 049619 号

责任编辑：刘　哲　　　　　　　　　　　装帧设计：韩　飞
责任校对：吴　静

出版发行：化学工业出版社（北京市东城区青年湖南街 13 号　邮政编码 100011）
印　　装：北京建宏印刷有限公司
787mm×1092mm　1/16　印张 12　字数 296 千字　　2024 年 2 月北京第 1 版第 4 次印刷

购书咨询：010-64518888　　　　　　　　售后服务：010-64518899
网　　址：http://www.cip.com.cn
凡购买本书，如有缺损质量问题，本社销售中心负责调换。

《光伏产品检测技术》
编写人员

主　　编　　段春艳　班　群　林　涛

副 主 编　　冯　源　曾　飞　张万辉

参编人员　　曾　飞　张万辉　胡昌吉　章大钧

　　　　　　屈柏耿　谭建斌　彭　强　程光蕾

　　随着煤炭、石油等不可再生能源可开采量的减少，关系国计民生的能源短缺问题日益突出，而且传统能源所带来的环境污染问题也急需解决，发展清洁可再生能源是中国走可持续发展之路的必然选择。 太阳能作为人类取之不尽的清洁能源，势必将在未来中国经济发展中起到举足轻重的作用。

　　世界光伏产业在过去十年间以每年 30％～40％的增长速度飞速发展，2014 年年底，世界各地光伏累计装机量 177GW，刷新了史上最高纪录，当年新增装机容量为 31GW，相比上一年的 27.9GW，涨幅达 11％。 光伏产业是我国重点发展的战略性新兴产业，到 2014 年，多晶硅材料、硅片、太阳电池片和光伏组件的产能分别约占世界的 43％、76％、59％、70％。 从 2013 年国家出台系列扩大国内应用市场的政策后，国内装机容量增长幅度较快，2012 年为 7GW，到 2014 年为45.4GW，2014 年国内新增装机容量 7.1GW。 预计到 2050 年，我国太阳能发电将在整个能源结构中占 20％～50％的比例。 由于光伏产业的快速发展，训练有素的光伏产业技术工人和从事光伏发电系统技术设计、施工的专业技术人才大量短缺。 职业教育与行业发展紧密相关，大规模培养高级技术技能型人才，对于贯彻人才强国战略、提升自主创新能力和产业竞争力、促进产业转型升级以及促进就业，都具有重要意义。

　　本教材是光伏应用技术专业、光伏产品检测技术专业等和光伏技术相关专业的新能源类教材，在市场上相类似的教材种类较少。 本教材会对高职高专光伏相关专业学生的学习有较大的帮助。 为适应这个层次学生知识和技能的学习，书中不会出现过于简单（偏操作）和难于理解（偏理论）的现象，具有较强的教学实施性。 本书也可供光伏产品检测方面的技术人员学习和参考。

　　本教材采用模块划分、任务分解的结构体系来编写，按照知识内容和光伏产业链上、中、下游的生产流程检测技术，划分为光伏产品检测技术概述、硅片检测技术、太阳电池检测技术、光伏组件检测技术、光伏系统部件及光伏电站检测技术五个模块，每个模块划分为若干任务，让学生能够按照任务驱动法系统而全面地学习知识和技能。 同时使学生在学习岗位技能的同时，可以根据实际情况选学知识，提高理论知识水平（结合了高职学生的特点）和技术改革能力，为培养具有一定创新能力和工艺技术改进能力的高端技术技能型人才奠定基础。

本教材由段春艳、班群、林涛主编，冯源、曾飞、张万辉为副主编。段春艳编写模块一和模块五，冯源编写模块二，班群编写模块三，林涛编写模块四，曾飞、张万辉、胡昌吉、章大钧、屈柏耿、谭建斌、彭强、程光蕾参加了编写工作。教材整体的模块资料校准、修订和补充主要由段春艳、班群完成。本书在编写过程中得到了广东爱康太阳能科技有限公司、顺德光伏质检中心、顺德中山大学太阳能研究院等单位的大力支持与帮助，在此表示衷心的感谢！

由于编者水平有限，书中不足之处在所难免，恳请读者批评指正，提出宝贵意见，以便我们在重印和修订中及时改正。

编者

目　录

模块一　光伏产品检测技术概述 ———————————— 1

任务一　光伏产品检测认识 ……………………………… 1

任务二　了解光伏产品检测技术发展概况 ……………… 5

复习与思考题 …………………………………………… 7

模块二　硅片检测技术 ———————————————— 8

任务一　了解硅片检测标准 ……………………………… 8

任务二　硅片基本电学参数检测 ………………………… 15

任务三　单晶硅晶向定向 ………………………………… 31

任务四　单晶位错密度检测 ……………………………… 36

任务五　红外吸收法测定晶体硅硅片中碳、氧含量 …… 44

复习与思考题 …………………………………………… 53

模块三　太阳电池检测技术 —————————————— 54

任务一　晶体硅太阳电池检测技术分析 ………………… 54

任务二　太阳电池外观检测 ……………………………… 58

任务三　太阳电池电学参数测量 ………………………… 62

任务四　太阳电池基于红外成像技术的检测 …………… 75

任务五　太阳电池光学性能检测 ………………………… 82

任务六　太阳电池银浆、铝浆测试 ……………………… 99

复习与思考题 …………………………………………… 104

模块四　　　　**光伏组件检测技术** ——————————————— **105**

　　任务一　光伏组件生产流程分析 ······························· 105
　　任务二　光伏组件检测标准 ································· 108
　　任务三　光伏组件材料检测技术 ··························· 111
　　任务四　光伏组件电学性能测试 ··························· 118
　　任务五　光伏组件温度参数测试 ··························· 121
　　任务六　光伏组件抗老化能力测试 ························· 128
　　任务七　光伏组件机械强度试验 ··························· 134
　　任务八　光伏组件 PID 测试 ······························· 139
　　复习与思考题 ··· 142

模块五　　　　**光伏系统部件及光伏电站检测技术** ——————— **143**

　　任务一　光伏组件阵列检测技术 ··························· 143
　　任务二　光伏逆变器检测技术 ····························· 152
　　任务三　户外光伏系统安装调试与性能测定 ················· 161
　　任务四　电能质量测试仪的操作方法 ······················· 165
　　任务五　红外热成像仪测试技术 ··························· 174
　　复习与思考题 ··· 180

参考文献 ——————————————— **181**

光伏产品检测技术概述

任务一　光伏产品检测认识

任务目标

① 了解光伏产品检测的分类。

② 了解光伏产品检测相关的各种标准。

③ 了解光伏产品认证体系。

【任务实施】

1.1.1　光伏产品检测的概念

光伏测试，又称太阳能光伏测试，是光伏行业为验证产品、原料、工艺、电站等最终性能是否符合行业标准而按照规定的方法、程序进行的实验室及户外检测。

1.1.2　光伏产品检测的分类

光伏产品检测根据光伏产业链的整个过程，可以分为电池原材料测试、硅片测试、电池片测试、光伏组件及辅料测试、光伏系统部件及光伏电站测试。如晶硅太阳电池及相关光伏组件在生产中会用到单晶硅/多晶硅片、银浆、单晶硅电池片/多晶硅电池片、TPT背板、光伏玻璃、EVA、封装材料等，都需要进行原料和产品的成品性能测试。

① 在线工艺测试　在生产过程中为了监控产品质量进行的测试，如电池片在线分选、组件在线 EL、IV 检测等，在产业链的各个阶段都需要在线检测。

② 组件测试　组件是光伏发电中的核心部件，要满足各个国家和行业制定的性能及安全标准。常见的测试有机械系能测试、电性能测试、环境老化测试和安全性能测试等。

③ 系统测试　光伏发电中的一个重要组成部分，包括逆变器、汇流箱等多种部件的性能及安全测试。

④ 电站及并网测试　光伏组件和系统安装在户外后要进行调试和性能测定，并网前、并网后也要测试其发电性能及发电质量，对电网的冲击，发电过程中的衰减、波动等。

1.1.3　检测标准简介

现行的光伏测试标准包括成品标准、安全标准、工艺标准、原料标准、试验方法标准、仪器标准、设备标准、质量体系标准等。制定标准的机构有 IEC、UL、CNAS、AS、GB、EN、DIN、JIS 等各个国家和测试认证机构。

IEC 的标准举例如下：

- IEC 608912.02009-12-14　晶体硅光伏器件测量特性 I-V 的温度修正和辐照度修正的方法
- IEC 60904-SER1.02011-10-31　光电器件—系列标准
- IEC 60904-12.02006-09-13　光电器件　第 1 部分：光电池电流-电压性能的测定
- IEC 60904-22.02007-03-20　光电器件　第 2 部分：标准太阳能电池的要求
- IEC 60904-32.02008-04-09　光电器件　第 3 部分：地面用光伏器件的测量原理及标准光谱辐照度资料
- IEC 60904-41.02009-06-09　光电器件　第 5 部分：用开路电压法确定光伏（PV）器件的等效电池温度（ECT）
- IEC 60904-52.02011-02-17　光电器件　第 1 部分：光电池电流-电压性能的测定
- IEC 60904-73.02008-11-26　光电器件　第 7 部分：光伏器件测量过程中引起的光谱失配误差的计算
- IEC 60904-82.01998-02-26　光电器件　第 8 部分：光伏器件光谱回应的测量
- IEC 60904-92.02007-10-16　光电器件　第 9 部分：太阳能模拟器性能要求
- IEC 60904-102.02009-12-17　光电器件　第 10 部分：线性测量方法
- IEC 611941.01992-12-15　独立光伏系统的特性参数
- IEC 612152.02005-04-27　地面用晶体硅光伏组件设计鉴定和定型
- IEC 613451.01998-02-26　光伏组件的紫外试验
- IEC 616462.02008-05-14　地面用薄膜光伏组件设计鉴定和定型

1.1.4　光伏产品认证

太阳能光伏产品进入市场，基本上都要求通过各个国家的认证要求，如欧洲的 EN，IEC 61215，IEC 61703，中国的 GB 及金太阳认证体系，美洲的 UL，还有澳洲、日本、韩国都有自己的认证体系。光伏产品的质量一般都需要第三方认证机构出具相应的认证证书，这对最终用户的选型和银行金融机构的资金担保非常重要。常见的第三方认证有 VDE，TÜV 莱茵，TÜV-NORD，TÜV-SÜD，CGC，UL，JET，NRTL，CSA 等各个国家自己制定的认证要求。与测试实验室不同，这些第三方认证机构出具认证报告，自己或委托测试实验室进行产品测试。

从基本要求来看，这些认证体系都包含了以下要素。

(1) 质量体系检查

对产品的生产厂的质量保证能力进行检查和评定。任何一个企业要想有效地保证产品质量持续满足标准的要求，都必须根据企业的特点建立质量体系，使所有影响产品质量的因素均得到控制。质量体系包括组织机构、职责权限、各项管理办法、工作程序、资源和过程等。产品认证活动是证明产品质量是否符合标准或技术规范的要求。

(2) 型式检验

型式检验是证明产品能否满足产品技术标准的全部要求所进行的检验。检验用样品可由认证机构的审核组在生产厂随机抽取，由独立的检验机构依据标准进行检验，所出具的检验结果，只对所送样品负责。

（3）监督检验

保证带有产品认证标志的产品质量可靠并符合标准，是产品质量认证制度得以生存和发展的基础。因此，如何确保获得认证的产品持续符合标准的要求，是认证机构十分关心的问题，定期对获准认证的产品进行监督检验，是解决这一问题的措施之一。监督检验就是对获准认证的产品从生产企业的最终产品中，或从市场上抽取样品，由认可的独立实验室进行检验。

（4）监督检查

对获准认证产品的生产厂的质量体系进行定期或不定期复查，是保证认证产品质量持续符合标准要求的又一项监督措施。监督检查的内容重点是初次检查时发现的不合格项和观察项的改进，以及直接影响产品质量的关键环节的控制有效性，质量体系的改进是否能保证产品质量的要求等。

对于光伏产品，目前国际上主要有两种标准体系：由国际电工委员会主导制定的 IEC 系列标准和由美国保险商实验室主导制定的 UL 系列标准。

在光伏行业中，IEC 系列标准被世界各国的标准化组织广泛接受，如欧洲的 EN 标准、英国的 BS EN 标准以及中国的 GB 标准等，都是基于或等同引用 IEC 标准。其中 IEC 60904 光伏器件系列标准是光伏组件系列标准的基础，对于光伏组件的很多测试，要引用其中的测试方法。

与其他大部分国家不同，美国与加拿大在光伏行业采用自成体系的 UL 系列标准。

目前对于光伏组件产品，国际认证体系主要分为两种：认证机构测试认证和监管机构注册认证。

（1）认证机构测试认证

该方式是目前应用最广泛的认证方式，生产企业必须要到销售目标国家政府指定的检测机构申请测试，并获得证书，之后方可在该国顺利销售。典型的代表如下。

① 德国　德国是最早大规模使用太阳能发电的国家之一，每年的光伏组件装机容量都占到全球总量的 50% 以上。德国政府目前指定的认证机构是 TÜV（德国技术监督协会）。在德国不止有一家 TÜV，目前获得德国政府授权的 TÜV 共有四家，虽然开始光伏产品认证的历史长短不一，但是都具有同样的法律地位。它们分别是 TÜV NORD，TÜV SÜD，TÜV Saarland，TÜV Rheinland（图 1-1）。这四家机构都是盈利性商业机构，其中 TÜV Saarland 于 1997 年被全球最大的检测认证机构 SGS 所收购，成为其集团下属的分支机构。

图 1-1　德国认证机构标志图例

② 美国　OSHA（美国职业健康与安全管理委员会）是美国的认证监管部门，只有获得它授权的 NRTL（美国国家认可实验室），才可以对在美国销售、使用的商品进行认证。目前在光伏产品领域获得授权的 NRTL 共有三家：UL 美国保险商实验室，ETL 爱迪生电气安全实验室（已经被全球第五大检测认证机构 Intertek 收购），CSA 加拿大标准委员会，如图 1-2 所示。

图 1-2　美国认证机构标志图例

③ 中国　光伏产品在中国销售、使用，必须获得"金太阳"认证。目前获得资格颁发金太阳认证的机构共有两家：中国质量认证中心（CQC）、北京鉴衡认证中心（CGC），如图 1-3 所示。

图 1-3　中国认证机构标志图例

④ 英国　2010 年 4 月 1 日，英国推出了自己的光伏产品认证体系，即 MCS 认证。目前可以颁发 MCS 认证的机构共有四家：BABT（British Approvals Board for Telecommunication），BBA（British Board of Agreement），BRE（Building Research Establishment），BSI（British Standards Institution），如图 1-4 所示。

图 1-4　英国认证机构标志图例

⑤ 日本　JET（日本电气安全与环境技术实验室）是日本唯一获得政府授权的认证机构，在日本销售使用的光伏产品必须获得 JET 认证。如图 1-5 所示。

电气产品自愿认证标志　　　　　　　　　　　　　　电气产品强制认证标志

图 1-5　日本认证机构标志图例

（2）监管机构注册认证

① 澳大利亚　对于光伏产品，澳大利亚政府没有指定专门的认证机构，但是要求生产企业必须将产品信息提交到 Clean Energy Council 进行注册。只有进入注册列表的产品，才可以顺利销售使用。其注册的前提是相关产品必须通过 IECEE 认可的实验室测试。

② 美国加利福尼亚州　对于美国加州而言，获得 NRTL 认证后还不可以进入其州内市

场销售，必须将相关信息提交到 California Energy Committee 进行登记注册。只有进入注册列表后，方可以顺利销售使用。

任务二　了解光伏产品检测技术发展概况

任务目标

① 了解国外光伏产品检测的现状。
② 了解国内光伏产品检测现状及相应的检测机构。
③ 了解国内外光伏产品检测的主要项目。

【任务实施】

1.2.1　国外发展概况

目前光伏应用市场居世界前列的是德国、日本、美国，国际上的光伏检测、认证机构也主要分布在这些国家。随着我国光伏行业的迅速发展，各大机构纷纷在中国建立实验室或与国内机构建立合作关系，共同开发光伏产品的检测、认证市场。

(1) TÜV 集团

TÜV 是德国技术监督协会的简称，成立于 19 世纪 90 年代。从事光伏行业检测、认证的 TÜV 集团主要有两个，即 TÜV 南德意志集团（TOV SUD）和莱茵 TÜV 集团（TÜV Rheinland）。

TÜV 南德意志集团总部在巴伐利亚州的慕尼黑市，拥有 140 多年的认证历史，主要业务在德国等欧洲国家。遵照欧洲和国际法规，南德意志集团能够为太阳能光伏制造企业提供完善的太阳能光伏产品的测试和认证服务，可以颁发 TÜV 标志或者 CE 形式认证及 PVGAP。检测、认证产品覆盖地面用晶体硅电池组件、地面用薄膜电池组件、接线盒、连接器、光缆、背板、逆变器。

2008 年 5 月，TÜV 南德意志集团与扬州光电产品检测中心签署合作备忘录，将扬州光电产品检测中心作为通过国际认可的国内光电产品认证机构或认证机构指定测试实验室。

莱茵 TÜV 集团总部设在科隆市，是德国最著名也是全球最权威的第三方认证机构之一。德国莱茵 TÜV 集团在光伏产品检测领域拥有超过 30 年的丰富经验，测试产品种类多，包括地面用晶体硅电池组件、薄膜太阳电池组件、聚光太阳电池组件、控制器、逆变器、离网系统，并网系统等，在德国、中国、日本、美国等国均设有太阳能检测实验室。

德国莱茵公司的最主要优势在于，它同时是欧、美、日各种主要认证制度下正式注册的发证单位，是全球唯一能够提供横跨欧、美、日"一站式"认证服务的单位。

2007 年，德国莱茵 TÜV 在上海成立光伏实验室。该实验室占地约 1000m²，是我国唯一一家经 DATECH 认可并拥有 100% 光伏测试能力的专业机构，为我国太阳能出口产品提供完整的安全测试。

(2) ASU-PTL（亚利桑那州光伏检测室）

ASU-PTLE0 美国亚利桑那州光伏检测室，成立于 1992 年，位于美国亚利桑那州，是全球三大光伏认证检测室之一，也是美国唯一一家经过授权可进行光伏产品设计资质认证和型式认可的实验室。

2008 年 11 月，德国莱茵 TÜV 集团携手美国亚利桑那州立大学，成立了莱茵 TÜV 光伏测试实验室有限责任公司（TÜV Rheinland PTL，LLC）。该公司拥有世界上最完备的设施、最尖端的技术和最高的测试认证水平，竞争能力进一步加强。

（3）VDE 检测认证研究所

位于德国奥芬巴赫的 VDE 检测认证研究所是 ZLS（Central Body of the Leander for Safety：安全认可中央机构，德国）认可并授权可以对光伏零部件和系统颁发 VDE-GS 标志的机构，直接参与德国国家标准的制定。按照德国 VDE 国家标准或欧洲 EN 标准或 IEC 国际电工委员会标准对电工产品进行检验和认证，是欧洲最有经验的第三方测试、认证机构，在世界上享有很高声誉。产品测试涵盖完整的光伏系统、光伏组件、功率逆变器、安装系统、连接器和电缆。服务内容包括：根据 VDE 和 IEC 标准的安全测试、环境试验、现场符合性监测检查，并能颁发 VDE、VDE-GS、VDE-EMC、CB 证书。

（4）UL（美国安全检测实验室）

UL（美国安全检测实验室）是一家独立的安全认证机构，成立于 1894 年，是美国第一家产品安全标准发展和认证的机构，是美国产品安全标准的创始者。在光伏产品领域，UL 是全球首家制定光伏产品标准的第三方认证机构，也是 CB 体系下美国唯一一家具备核发和认可双重资格的国家认证机构，可颁发 IECEE CB 证书。

早在 1986 年，UL 就推出了第一个针对平板型光伏组件的安全标准 UL 1703，并被采用为美国国家标准，成为目前美国高度发展的光伏组件安全认证的基础。除了安全认证外，UL 也提供有关产品性能方面的认证，包括晶体硅太阳能组件和薄膜太阳能组件。

2009 年 2 月，位于苏州的 UL "光伏卓越技术中心"正式成立。该中心占地 400 多平方米，是 UL 在亚洲地区规模最大的光伏实验室。实验室初期设有 6 个一流的检测室，测试规模可达 60 个新型号/年，能够依照 UL 及国际电工委员会（IEC）两种标准来开展检测。

（5）Intertek 天祥集团

Intertek 集团总部设在英国伦敦，目前已在全球 110 个国家拥有 1000 多个办事处及实验室，是世界上规模最大的消费品测试、检验和认证公司之一。

天祥集团在加利福尼亚建有光伏产品检测和认证中心，帮助光伏制造商顺应市场需求，提供关键性的性能数据，为企业参与市场竞争提供技术支持。

2008 年底，天祥集团上海太阳能测试实验室成立，并与日本电气安全环境研究所（JET）、北京鉴衡认证中心达成合作协议。

Intertek 可以依据 CE、UL、CSA、IEC、EN 标准进行检测，包括性能检测和安全检测，测试产品涉及晶体硅太阳能组件、薄膜太阳能组件、充电控制器、变极器等。

除了上述机构外，国际知名的光伏产品认证、检测机构还有瑞士通标标准技术服务有限公司 SGS、欧洲委员会联合研究中心的环境可持续发展研究所可再生能源部 ESTI、法国国际检验局 BV 等。

1.2.2　国内发展概况

国内较早从事光伏产品检测、在行业内影响力较大的检测机构有中国电子科技集团公司第十八研究所、上海空间电源研究所和中科院太阳光伏发电系统和风力发电系统质量检测中心。随着国内光伏行业的发展和光伏市场的不断扩大，国内光伏行业的认证机构也开始成立并快速发展。

（1）中国电子科技集团公司第十八研究所

中国电子科技集团公司第十八研究所是我国最大的综合性化学物理电源研究所、国防工程一类所，是我国成立最早的光伏测试单位，参加了1993年进行的国际太阳电池标准比对活动，是世界上4个具有光伏计量基准标定资格的实验室之一。

（2）国家太阳能光伏产品质量监督检验中心（CPVT）

2007年经过国家质检总局批准设立，地处无锡，具备光伏原辅材料、光伏部件、光伏组件、光伏电站等光伏全产业链产品检测研究能力。主要承担太阳能光伏产品的国家级质量监督抽查和技术仲裁；承担太阳能光伏组件、电池片及相关原材料、太阳能光伏系统及应用产品的检测；承担太阳能相关产品的认证及咨询；承担太阳能相关国家标准的起草、修改及制订；承担太阳能光伏系统检测设备或技术的研发，专业检测人才的培养；承担国际国内技术交流及相关信息发布；承担科技成果、专利产品、新产品质量的鉴定检验和型式试验。

（3）上海空间电源研究所

上海空间电源研究所隶属于中国航天技术总公司上海市航天局，是一个综合性的电源研究所。该研究所由于其本身生产各种光伏产品，为了保证产品质量，建立了检测实验室。随着光伏产品的大量应用，测试实验室也逐步对外服务。主要认证产品为晶体硅太阳能组件、薄膜太阳能组件。

为了更好地为民用企业提供检测和技术服务，2006年上海空间电源研究所、上海航天机电、上海太阳能科技有限公司联合出资成立了上海太阳能工程技术研究中心有限公司，专业从事太阳能光伏行业的新技术开发和产品测试服务。

（4）CGC鉴衡认证中心

鉴衡认证中心（China General Certification Center）是经国家认证认可监督管理委员会批准，由中国计量科学研究院组建，主要致力于风能、太阳能等新能源和可再生能源产品标准研究及产品认证的第三方机构。

在国家发展和改革委员会、世界银行、全球环境基金以及中国可再生能源发展项目（REDP）的子项目"建立中国太阳能光伏产品认证体系"的项目支持下，北京鉴衡认证中心实施了太阳能光伏产品金太阳认证。

鉴衡认证中心的检测实验室包括：莱茵TÜV、中国电子科技集团公司第十八研究所、信息产业部邮电工业产品质量监督检测中心、中科院太阳光伏发电系统和风力发电系统质量检测中心。认证范围包括：地面晶体硅光伏组件、控制器、逆变器、独立系统。

复习与思考题

1-1 国际上主要的检测认证标准有哪些？

1-2 我国目前光伏产品的主要检测认证机构有哪些？

模块 二

硅片检测技术

任务一　了解硅片检测标准

任务目标

① 认识硅片检测的目的和主要指标。

② 认识单晶硅片检测标准。

③ 认识多晶硅片检测标准。

【任务实施】

目前晶体硅太阳电池生产所用到的硅片主要分为单晶硅片与多晶硅片两种，结构性能介于两者之间的准单晶硅片（类单晶硅片）生产技术仅在小范围内得到应用。不同硅片的形貌如图 2-1 所示。

(a) 单晶片　　　　　　　　　(b) 多晶片　　　　　　　　　(c) 准单晶片

图 2-1　不同类型硅片对比图

硅片是晶体硅太阳电池生产的核心材料，其性能指标直接影响电池的功率、使用寿命等品质参数，因此硅片的检测对电池生产工序有着极其重要的意义。

2.1.1　单晶硅片技术标准

(1) 范围

① 规定了单晶硅片的分类、技术要求、包装以及检验规范等。

② 适用于单晶硅片的采购及其检验。

（2）规范性引用文件

① ASTM F42-02　半导体材料导电率类型的测试方法

② ASTM F26　半导体材料晶向测试方法

③ ASTM F84　直线四探针法测量硅片电阻率的试验方法

④ ASTM F1391-93　太阳能硅晶体碳含量的标准测试方法

⑤ ASTM F121-83　太阳能硅晶体氧含量的标准测试方法

⑥ ASTM F 1535　用非接触测量微波反射所致光电导性衰减测定载流子复合寿命的实验方法

（3）术语和定义

① TV：硅片中心点的厚度，是指一批硅片的厚度分布情况。

② TTV：总厚度误差，是指一片硅片最厚和最薄的误差（标准测量是取硅片的 5 点厚度：边缘上下左右 6mm 处 4 点和中心点）。

③ 位错：晶体中由于原子错配引起的具有伯格斯矢量的一种线缺陷。

④ 位错密度：单位体积内位错线的总长度（cm/cm³），通常以晶体某晶面单位面积上位错蚀坑的数目来表示。

⑤ 崩边：晶片边缘或表面未贯穿晶片的局部缺损区域。当崩边在晶片边缘产生时，其尺寸由径向深度和周边弦长给出。

⑥ 裂纹、裂痕：延伸到晶片表面，可能贯穿也可能不贯穿整个晶片厚度的解理或裂痕。

⑦ 四角同心度：单晶硅片 4 个角与标准规格尺寸相比较的差值。

⑧ 密集型线痕：每厘米上可视线痕的条数超过 5 条。

（4）分类

单晶硅片的等级有 A 级品和 B 级品，规格为 125×125 Ⅰ（mm）、125×125 Ⅱ（mm）、156 ×156（mm）。

（5）技术要求

① 外观

外观标准见表 2-3。

② 外形尺寸

a. 方片 TV 为（200±20）μm，测试点为中心点。

b. 方片 TTV 小于 30μm，测试点为边缘 6mm 处 4 点、中心 1 点。

c. 硅片 TTV 以 5 点测量法为准，同一片硅片厚度变化应小于其标称厚度的 15%。

d. 相邻 C 段的垂直度：90°±0.3°。

e. 其他尺寸要求见表 2-1。

表 2-1　单晶硅片尺寸要求

规格/mm	尺寸/mm							
	A（边长）		B（直径）		C（直线段长）		D（弧长投影）	
	max.	min.	max.	min.	max.	min.	max.	min.
125×125 Ⅰ	125.5	124.5	150.5	149.5	83.9	81.9	21.9	20.2
125×125 Ⅱ	125.5	124.5	165.5	164.5	108.8	106.6	9.4	7.9
156×156	156.5	155.5	200.5	199.5	126.2	124.1	15.9	14.9

注：A、B、C、D 分别参见图 2-2。

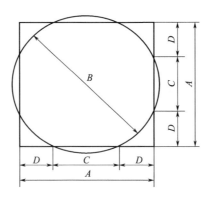

图 2-2　硅单晶片尺寸示意图

③ 材料性质

a. 导电类型：见表 2-2。

表 2-2　导电类型

序号	硅片类型	掺杂剂
1	N 型	磷（Phosphorous）
2	P 型	硼（Boron）

b. 硅片电阻率：见表 2-3。

c. 硅片少子寿命：见表 2-3（此寿命为 2mm 样片钝化后的少子寿命）。

d. 晶向：表面晶向＜100＞＋/－3.0°。

e. 位错密度≤3000pcs/cm²。

f. 氧碳含量：氧含量≤20mmol/kmol，碳含量≤1.0mmol/kmol。

（6）检测环境、检测设备和检测方法

① 检测环境：室温，有良好照明（光照度≥1000lx）。

② 检测设备：游标卡尺（0.01mm）、厚度测试仪/千分表（0.001mm）、水平测试台面、四探针测试仪、单点少子寿命测试仪、氧碳含量测试仪、光学显微镜、角度尺等。图2-3 给出了部分检测仪器。

③ 检测项目：导电类型、氧碳含量、单晶晶向、单晶位错密度、电阻率、少子寿命、外形尺寸。

④ 检测方案：外观和尺寸进行全检，材料的性能和性质以单晶铸锭头尾部参数为参考，并提供每个批次硅片的检测报告。

⑤ 检验结果的判定：检验项目的合格质量水平见表 2-3。

（7）包装、储存和运输要求

① 每包 400 片，每箱 6 包，共 2400 片。需提供明细装箱单，包装上要有晶体编号，清单和实物一一对应，每个小包装要有晶体编号。不同晶体编号放在同一包装内要能明确区分开。

② 产品应储存在清洁、干燥的环境中，温度为 10～40℃，湿度为≤60%，避免酸碱腐蚀性气氛，避免油污、灰尘颗粒气氛。

③ 产品运输过程中轻拿轻放，严禁抛掷，且采取防震、防潮措施。

(a) 氧碳含量测试仪

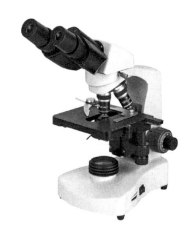

(b) 光学显微镜

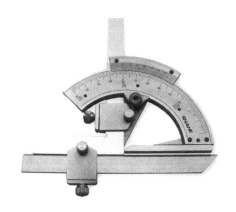

(c) 角度尺

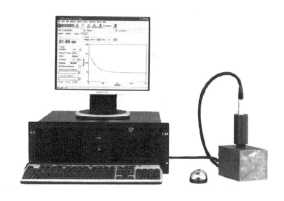

(d) 单点少子寿命测试仪

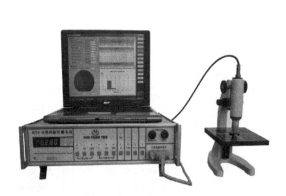

(e) 四探针测试仪

(f) 厚度测试仪/千分表

图 2-3 典型的检测仪器

表 2-3　硅片检验标准

检验项目		检验要求		检测工具	抽样计划验收标准
		硅片等级			
		A 级品	B 级品		
外观	崩边/硅落	崩边/硅落长宽≤0.3mm×0.2mm 不穿透	崩边长宽≤1mm×1mm 不穿透。硅落长宽厚≤1.5mm×1.5mm×100μm	目测粗糙度测试仪日光灯（≥1000lx）	全检
		数量≤2	数量≤4		
	切割线痕	线痕深度≤15μm，但无密集线痕	线痕深度≤30μm		
	缺角/缺口	缺口长宽≤0.2mm×0.1mm。无 V 形缺口、缺角	缺口长宽≤1mm×0.5mm。无可见有棱角的缺角，数量≤2		
	毛边/亮点	长度≤10mm，深度不能延伸到硅片表面 0.1mm	长不限，深度不能延伸到硅片表面 0.3mm		
	表面清洁度	无油污，无残胶，无明显水迹。轻微可清洗的污迹可放行，如硅片之间的摩擦产生的印迹以及≤2个针尖状的无凹凸的印迹	无成片的油污、残胶、水迹		
	划伤	无肉眼可见，有深度感的划伤	日光灯下无明显深度感的划伤		
	其他	无孪晶、应力、裂纹、凹坑、气孔及明显划伤	无孪晶、应力、裂纹、气孔及明显凹坑、划伤		

尺寸	规格/mm	尺寸						电子卡尺万能角规	切片前全检晶锭尺寸
		边长/mm		直径/mm		其他尺寸/mm	垂直度		
		max	min	max	min				
	125×125 Ⅰ	125.5	124.5	150.5	149.5	具体见表 2-1 和图 2-2	90°±0.3°		
	125×125 Ⅱ	125.5	124.5	165.5	164.5				
	156×156	156.5	155.5	200.5	199.5				
	TV/μm	200±20（中心点）				200±30		测厚仪/千分表	抽检
	TTV/μm	≤30（中心 1 点和边缘 6mm 位置 4 点）				≤50			
	翘曲度/μm	≤70				≤100			

性能	位错密度	≤3000pcs/cm²	≤3000pcs/cm²	显微镜	截取晶锭头尾部 2mm 样片进行测试。退火后测电阻率。钝化后测试少子寿命
	导电型号	N 型/P 型	N 型/P 型	型号测试仪	
	电阻率	0.5～3.5Ω·cm/1.0～3.0Ω·cm		电阻率测试仪	
	氧含量	≤20mmol/kmol		FTIR 氧碳含量测试仪	
	碳含量	≤1.0mmol/kmol			
	少子寿命	≥100μs 或≥15μs		寿命测试仪	

2.1.2 多晶硅片技术标准

（1）范围

① 规定了多晶硅片的分类、技术要求、包装以及检验规范等。

② 适用于多晶硅片的采购及其检验。

（2）规范性引用文件

① ASTM F42-02 半导体材料导电率类型的测试方法

② ASTM F84 直线四探针法测量硅片电阻率的试验方法

③ ASTM F1391-93 太阳能硅晶体碳含量的标准测试方法

④ ASTM F121-83 太阳能硅晶体氧含量的标准测试方法

⑤ ASTM F 1535 用非接触测量微波反射所致光电导性衰减测定载流子复合寿命的实验方法

（3）术语和定义

① TV：硅片中心点的厚度，是指一批硅片的厚度分布情况。

② TTV：总厚度误差，是指一片硅片最厚和最薄的误差（标准测量是取硅片5点厚度：边缘上下左右4点和中心点）。

③ 崩边：晶片边缘或表面未贯穿晶片的局部缺损区域。当崩边在晶片边缘产生时，其尺寸由径向深度和周边弦长给出。

④ 裂纹、裂痕：延伸到晶片表面，可能贯穿也可能不贯穿整个晶片厚度的解理或裂痕。

⑤ 四角同心度：多晶硅片四个角与标准规格尺寸相比较的差值。

⑥ 密集型线痕：每厘米上可视线痕的条数超过5条。

（4）分类

多晶硅片的等级有 A 级品和 B 级品，规格为 156mm×156mm。

（5）技术要求

① 外观

外观标准见表 2-5。

② 外形尺寸

a. 方片 TV 为 $(200\pm20)\mu m$，测试点为中心点。

b. 方片 TTV 小于 $30\mu m$，测试点为边缘 6mm 处 4 点、中心 1 点。

c. 硅片 TTV 以 5 点测量法为准，同一片硅片厚度变化应小于其标称厚度的 15%。

d. 相邻 C 段的垂直度为 $90°\pm0.3°$。

e. 其他尺寸要求见表 2-4。

表 2-4 多晶硅片尺寸要求

规格 /mm	尺寸/mm							
	A（边长）		B（对角线）		C（直线段长）		D（弧长投影）	
	max.	min.	max.	min.	max.	min.	max.	min.
156×156	156.5	155.5	219.7	218.7	155.6	152.9	1.4	0.35

注：A、B、C、D 分别参见图 2-4。

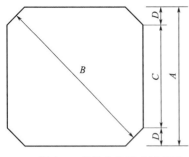

图 2-4　多晶硅片尺寸示意图

③ 材料性质

a. 导电类型：P 型，掺杂剂为 B，硼（Boron）。

b. 硅片电阻率：掺硼多晶片，电阻率为 1～3Ω·cm。

c. 多晶硅少子寿命≥2μs。

d. 氧碳含量：氧含量≤12mmol/kmol，碳含量 ≤12mmol/kmol。

（6）检测环境、检测设备和检测方法

a. 检测环境：室温，有良好的照明（光照度 ≥1000lx）。

b. 检测设备：游标卡尺（0.01mm）、厚度测试仪/千分表（0.001mm）、水平测试台面、四探针测试仪、单点少子寿命测试仪、氧碳含量测试仪、光学显微镜、角度尺等。

c. 检测项目：导电类型、氧碳含量、电阻率、少子寿命、外形尺寸。

d. 检测方案：外观和尺寸进行全检，材料的性能和性质以多晶铸锭头尾部参数为参考，并提供每个批次硅片的检测报告。

e. 检验结果的判定：检验项目的合格质量水平见表 2-5。

（7）包装、储存和运输要求

a. 每包 400 片，每箱 6 包，共 2400 片。需提供明细装箱单，包装上要有晶体编号，清单和实物一一对应，每个小包装要有晶体编号。不同晶体编号放在同一包装要能明确区分开。

b. 产品应储存在清洁、干燥的环境中，温度为 10～40℃，湿度为≤60%，避免酸碱腐蚀性气氛，避免油污、灰尘颗粒气氛。

c. 产品运输过程中轻拿轻放，严禁抛掷，且采取防震、防潮措施。

表 2-5　多晶硅片检验项目、检验方法及检验规则对照表

检验项目		检验要求		检测工具	抽样计划验收标准
		硅片等级			
		A 级品	B 级品		
外观	崩边/硅落	崩边/硅落长宽≤0.3mm×0.2mm 不穿透	崩边长宽≤1mm×1mm 不穿透。硅落长宽厚≤1.5mm×1.5mm×100μm	目测粗糙度测试仪日光灯（≥1000lx）	全检
		数量≤2	数量≤4		
	切割线痕	线痕深度≤15μm，但无密集线痕	线痕深度≤30μm		
	缺角/缺口	缺口长宽≤0.2mm×0.1mm。无 V 形缺口、缺角	缺口长宽≤1mm×0.5mm。无可见有棱角的缺角，数量≤2		
	毛边/亮点	长度≤10mm，深度不能延伸到硅片表面 0.1mm	长不限，深度不能延伸到硅片表面 0.3mm		
	表面清洁度	无油污，无残胶，无明显水迹。轻微可清洗的污迹可放行，如硅片之间的摩擦产生的印迹以及≤2 个针尖状的无凹凸的印迹	无成片的油污、残胶、水迹		
	划伤	无肉眼可见、有深度感的划伤	日光灯下无明显深度感的划伤		
	其他	无应力、裂纹、凹坑、气孔及明显划伤，微晶数目≤10pcs/cm	无应力、裂纹、气孔及明显凹坑、划伤，微晶数目≤10pcs/cm		

续表

<table>
<tr><td colspan="2" rowspan="3">检验项目</td><td colspan="6">检验要求</td><td rowspan="3">检测工具</td><td rowspan="3">抽样计划
验收标准</td></tr>
<tr><td colspan="6">硅片等级</td></tr>
<tr><td colspan="3">A 级品</td><td colspan="3">B 级品</td></tr>
<tr><td rowspan="7">尺寸</td><td rowspan="3">规格/mm</td><td colspan="6">尺寸</td><td rowspan="4">电子卡尺
万能角规</td><td rowspan="4">全检
晶锭尺寸</td></tr>
<tr><td colspan="2">边长
/mm</td><td colspan="2">直径
/mm</td><td>倒角差
/mm</td><td>垂直度</td></tr>
<tr><td>max</td><td>min</td><td>max</td><td>min</td><td rowspan="2">0.5～2</td><td rowspan="2">90°±0.3°</td></tr>
<tr><td>156×156</td><td>156.5</td><td>155.5</td><td>219.7</td><td>218.7</td></tr>
<tr><td>TV/μm</td><td colspan="3">200±20(中心点)</td><td colspan="3">200±30</td><td rowspan="3">测厚仪/
千分表</td><td rowspan="3">抽检</td></tr>
<tr><td>TTV/μm</td><td colspan="3">≤30(中心 1 点和边缘 6mm 位置 4 点)</td><td colspan="3">≤50</td></tr>
<tr><td>翘曲度/μm</td><td colspan="3">≤70</td><td colspan="3">≤100</td></tr>
<tr><td rowspan="5">性能</td><td>导电型号</td><td colspan="3">P 型</td><td colspan="3">P 型</td><td>型号测试仪</td><td rowspan="3">测试
晶锭头尾
样片</td></tr>
<tr><td>氧含量</td><td colspan="6">≤12mmol/kmol</td><td rowspan="2">FTIR 氧碳
含量测试仪</td></tr>
<tr><td>碳含量</td><td colspan="6">≤12mmol/kmol</td></tr>
<tr><td>电阻率</td><td colspan="3">1～3Ω·cm</td><td colspan="3">1～3Ω·cm</td><td>无接触
电阻率测试仪</td><td rowspan="2">全检
晶锭性能</td></tr>
<tr><td>少子寿命</td><td colspan="6">≥2μs</td><td>寿命测试仪</td></tr>
</table>

任务二　硅片基本电学参数检测

任务目标

① 了解冷热探针与整流法导电类型测试的原理。

② 了解直流四探针法测试硅片电阻率的原理。

③ 了解微波光电导衰退法测试非平衡少子寿命的原理。

④ 掌握冷热探针与整流法导电类型的测试方法。

⑤ 掌握直流四探针法硅片电阻率测试仪的使用方法。

⑥ 掌握基于微波光电导衰退法的少子寿命测试仪的使用方法（WT2000 型）与样品的制备。

【任务实施】

2.2.1　导电类型测试

半导体的导电过程存在电子和空穴两种载流子。多数载流子是电子的为 N 型半导体，多数载流子是空穴的为 P 型半导体。测量导电类型就是确定半导体材料中多数载流子的类别。常用的方法有冷热探针法、整流法和霍尔效应法等。

（1）冷热探针法

冷热探针法是利用温差电效应（又称赛贝克效应）的原理，将两根温度不同的探针与半导体材料表面接触，两探针间外接检流计（或数字电压表）形成一闭合回路，根据两个接触点处存在温差所引起的温差电流（或温差电压）的方向可以确定导电类型（图2-5）。对于P型半导体，其多数载流子为空穴，扩散方向为热端到冷端，电场方向从冷端指向热端，检流计中电流方向为冷端到热端；而对于N型半导体来说，电子为多数载流子，其扩散方向为热端到冷端，电场方向从热端指向冷端，检流计中电流方向为热端到冷端，与P型半导体相反。由此可见，冷热探针法是通过温差电势引起的电流方向来区分样品的导电类型。

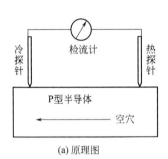
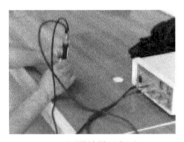

(a) 原理图　　　　　　　　　　(b) 测量情景示意图

图 2-5　冷热探针法导电类型测试

冷热探针法测量装置的应用范围一般只限于低阻材料。如果电阻率过高，热探针可能会使半导体材料处于本征状态，这样电子迁移率总是高于空穴迁移率，测量结果将都指示出材料为N型。为了防止这种情况的产生，可用冷探针（例如半导体制冷冷却的探针）来代替热探针，其原理与热探针完全相同，不再重复。探针的温度应该保持在40~80℃范围内。热探针的材料用不锈钢或镍比较好，尖端应为60°的锥体。

（2）整流法

整流法是利用金属探针与半导体材料表面容易构成整流接触的特点，可根据检流计的偏转方向或示波器的波形测定导电类型。实践中常用三探针或四探针实现整流接触，下面以三探针法为例介绍整流法的测试原理。

三探针结构能消除制备欧姆触点的困难。在样品表面压以1、2、3顺序的三个探针，在1、2探针间接上交流电源，2、3探针间接以直流微安表，可以根据直流微安表所指示的电流方向确定半导体材料的导电型号。在示波器上观察图形，可以检查上述方法的工作状况。如果图形对称，则说明该方法无效，必须采用其他类型的导电型号测量装置。引起图形对称的原因，可能是由于电阻率非常低，或是由于两个触点具有同样程度的整流效应。

如图2-6所示，以N型半导体为例，把三个金属探针分别置于半导体表面1、2、3三个点，针间距大约1~1.5mm。在1和2两个探针之间加入12V的交流电压，在2和3两个探针之间接入一个1MΩ的电阻R和一个检流计G，这便构成了三探针法测量半导体导电型号的实验装置。在这个实验装置中，根据检流计的偏转方向可以判断半导体的导电类型。由于金属-半导体接触的整流特性，金属-半导体接触可以等效为一个整流二极管，于是很容易得到图2-6的等效电路模型图2-7，这里，r_1、r_2、r_3分别为探针1、2、3与半导体接触处半导体的扩展电阻，VD_1、VD_2、VD_3分别为各探针与半导体接触的等效二极管。探针与半导体的接触电阻实际上等效于势垒电阻和扩展电阻之和。

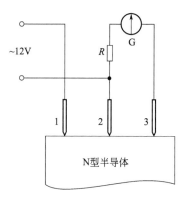

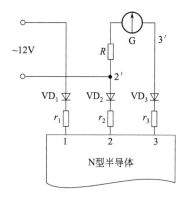

图 2-6 三探针法导电类型测试原理图　　　　图 2-7 三探针法等效电路模型

首先将图 2-7 中的探针 1 和探针 2 单独列出来，得到图 2-8。设外加电压 u_1 为如图 2-9（a）所示的交流正弦电压，由于电路是纯电阻电路，所以电流 i_1 与电压 u_1 同相位。二极管正向偏置时，其两端等效电阻很小。反向偏置时，其两端等效电阻很大。在图 2-8 中，如果 u_1 处于正半周，则 VD_1 处于正向偏置，VD_2 反向偏置，$u_{22'} \gg u_{11'}$，u_1 主要降落在 VD_2 上；如果 u_1 处于负半周，则 VD_1 处于反向偏置，VD_2 正向偏置，$u_{1'1} \gg u_{2'2}$，u_1 主要降落在 VD_1 上，于是有 $u_{22'} \gg u_{2'2}$。如果在图 2-7 的电阻 R 上取出电压信号，那么就可以通过示波器观察到图 2-9（b）所示的电压波形 $u_{22'}$。图中，$\overline{u}_{22'}$ 是 $u_{22'}$ 的电压平均值，且有 $\overline{u}_{22'} > 0$。

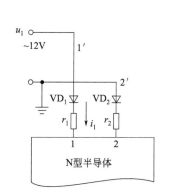

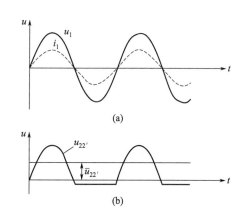

图 2-8　探针 1、2 与样品接触部位的　　　　图 2-9　u_1、i_1 与 $u_{22'}$ 的波形图
　　　　局部等效电路图

根据上述分析，可以把 $\overline{u}_{22'}$ 用一个电池的电动势来表示，再与图 2-7 中的 33′ 支路结合起来，便得到 2、3 探针的等效电路（图 2-10）。图中，二极管 VD_3 处于反向偏置，其反向偏置电阻是一个很大的值。由图可见，检流计的指针应该向左偏转。对于 P 型半导体，通过同样的分析可知，指针应该向右偏转。这样，用三探针法就可以通过示波器观察波形或者通过检流计的偏转方向来确定半导体的导电类型。

2.2.2　晶体硅的四探针法电阻率测试

硅材料的电阻率与半导体器件的性能有着密切的关系。根据制作工艺与生产技术的不同，不同类型的晶体硅太阳电池对电阻率的要求也不尽相同。电阻率的测量是硅片常规参数

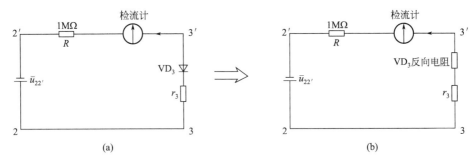

图 2-10　探针 2、3 与样品接触部位的局部等效电路图

的测量项目之一。测量电阻率的方法很多，如四探针法、三探针法、电容-电压法、扩展电阻法等。

四探针法是国内一种广泛采用的标准方法，其主要优点在于设备简单，操作方便，精确度高，对样品的几何尺寸无严格要求。四探针法除了用来测量半导体材料的电阻率以外，在半导体器件生产中广泛使用四探针法来测量扩散层薄层电阻，以判断扩散层质量是否符合设计要求。

（1）直流四探针法测量电阻率的基本原理

在半无穷大样品上的点电流源，若样品的电阻率 ρ 均匀，引入点电流源的探针其电流强度为 I，则所产生的电力线具有球面的对称性，即等位面为一系列以点电流为中心的半球面，如图 2-11 所示。

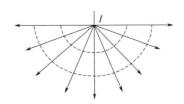

图 2-11　点电流源在均匀半无限大的
半导体中电流分布与等位面图

在以 r 为半径的半球面上，电流密度 j 的分布是均匀的，若 E 为 r 处的电场强度，则：

$$E = j\rho = \frac{I\rho}{2\pi r^2} \tag{2-1}$$

由电场强度和电位梯度以及球面对称关系，则：

$$E = -\frac{d\psi}{dr} \tag{2-2}$$

$$d\psi = -Edr = -\frac{I\rho}{2\pi r^2}dr \tag{2-3}$$

取 r 为无穷远处的电位为零，则：

$$\int_0^{\psi(r)} d\psi = \int_\infty^r -Edr = \frac{-I\rho}{2\pi}\int_\infty^r \frac{dr}{r^2} \tag{2-4}$$

$$\psi(r) = \frac{\rho I}{2\pi r} \tag{2-5}$$

上式就是半无穷大均匀样品上离开点电流源距离为 r 的点的电位与探针流过的电流和样品电阻率的关系式，它代表了一个点电流源对距离 r 处的点的电势的贡献。

对图 2-12 所示的情形，四根探针位于样品中央，电流从探针 1 流入，从探针 4 流出，则可将 1 和 4 探针认为是点电流源，由式（2-5）可知，2 和 3 探针的电位为：

$$\psi_2 = \frac{I\rho}{2\pi}\left(\frac{1}{r_{12}} - \frac{1}{r_{24}}\right) \tag{2-6}$$

$$\psi_3 = \frac{I\rho}{2\pi}\left(\frac{1}{r_{13}} - \frac{1}{r_{34}}\right) \tag{2-7}$$

2、3 探针的电位差为：

$$V_{23} = \psi_2 - \psi_3 = \frac{\rho I}{2\pi}\left(\frac{1}{r_{12}} - \frac{1}{r_{24}} - \frac{1}{r_{13}} + \frac{1}{r_{34}}\right) \tag{2-8}$$

此可得出样品的电阻率为：

$$\rho = \frac{2\pi V_{23}}{I}\left(\frac{1}{r_{12}} - \frac{1}{r_{24}} - \frac{1}{r_{13}} + \frac{1}{r_{34}}\right)^{-1} \tag{2-9}$$

上式就是利用直流四探针法测量电阻率的普遍公式。只需测出流过 1、4 探针的电流 I 以及 2、3 探针间的电位差 V_{23}，代入四根探针的间距，就可以求出该样品的电阻率 ρ。

在对硅片的实际测量中，最常用的是直线形四探针（图 2-13），即四根探针的针尖位于同一直线上，并且间距相等。设 $r_{12} = r_{23} = r_{34} = S$，则有：

$$\rho = \frac{V_{23}}{I}2\pi S \tag{2-10}$$

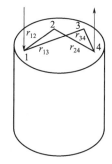

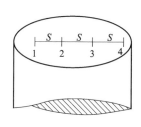

图 2-12　电流的流向示意图　　　　图 2-13　直线形排列的四探针法

需要指出的是：这一公式是在半无限大样品的基础上导出的，实际使用时须满足样品厚度及边缘与探针之间的最近距离大于 4 倍探针间距，这样才能使该式具有足够的精确度。

如果被测样品不是半无穷大，而是厚度、横向尺寸一定，进一步的分析表明，在四探针法中只要对公式引入适当的修正系数 B 即可，此时：

$$\rho = \frac{2\pi S}{B_0} \times \frac{V_{23}}{I} \tag{2-11}$$

（2）利用直流四探针法进行测试时的注意事项

① 为增加表面复合，减少少子寿命及避免少子注入，被测表面需粗磨或喷砂处理。

② 对高阻材料及光敏材料，由于光电导及光压效应会严重影响电阻率的测量，这时测量应在暗室进行。

③ 电流要选择适当，电流太小影响电压检测精度，电流太大会引起发热或非平衡载流子注入。

④ 半导体材料的电阻率受温度的影响十分敏感，因此必须在样品达到热平衡情况下进行测量并记录测量温度。

⑤ 由于正向探针有少子注入及探针移动的存在，所以在测量中总是进行正反两个电流方向的测量，然后取其平均以减小误差。

（3）KDY-1 型四探针电阻率测试仪实训指导书

KDY-1 型四探针电阻率/方阻测试仪（以下简称电阻率测试仪，图 2-14）是用来测量半

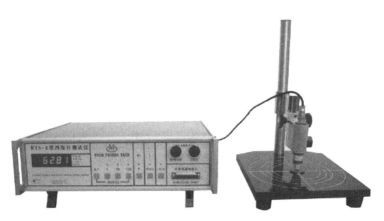

图 2-14 KDY-1 型四探针电阻率/方阻测试仪

导体材料（主要是硅单晶、锗单晶、硅片）电阻率，以及扩散层、外延层、ITO 导电薄膜、导电橡胶方块电阻的测量仪器，主要由电气测量部分（简称：主机）、测试架及四探针头组成。

该仪器的特点是主机配置双数字表，在测量电阻率的同时，另一块数字表（以万分之几的精度）适时监测全程的电流变化，免除了测量电流/电阻率的转换，更及时掌控测量电流。主机还提供精度为 0.05% 的恒流源，使测量电流高度稳定。该机配有恒流源开关，在测量某些薄层材料时，可免除探针尖与被测材料之间接触火花的发生，更好地保护薄膜。仪器配置了"小游移四探针头"，探针游移率在 0.1%~0.2%，保证了仪器测量电阻率的重复性和准确度。本机如加配 HQ-710E 数据处理器，测量硅片时可自动进行厚度、直径、探针间距的修正，并计算、打印出硅片电阻率、径向电阻率的最大百分变化、平均百分变化、径向电阻率不均匀度，给测量带来很大方便。

① 测试仪结构及工作原理　测试仪主机由主机板、电源板、前面板、后背板、机箱组成。电压表、电流表、电流调节电位器、恒流源开关及各种选择开关均装在前面板上（图 2-16）。后背板上只装有电源插座、电源开关、四探针头连接插座、数据处理器连接插座及保险管（图 2-17）。机箱底座上安装了主机板及电源板，相互间均通过接插件连接。仪器的工作原理如图 2-15 所示。

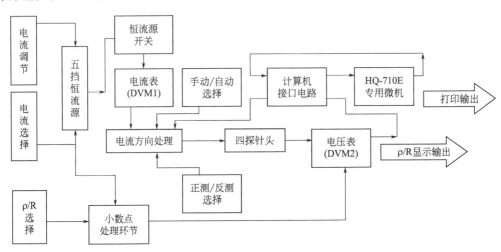

图 2-15 电阻率测试率方框图

测试仪的基本原理仍然是恒流源给探针头（1、4 探针）提供稳定的测量电流 I（由 DVM1 监测），探针头（2、3 探针）测取电位差 V（由 DVM2 测量），由下式即可计算出材料的电阻率：

$$\rho = \frac{V}{I} \times W F_{SP} F(W/S) F(S/D) F_t \qquad (2\text{-}12)$$

式中　　　V——DVM2 的读数，mV；

　　　　　I——DVM1 的读数，mA；

　　　　　W——被测样片的厚度值，cm；

　　　$F(W/S)$——厚度修正系数，数值可查表 2-6；

　　　$F(S/D)$——直径修正系数，数值可查表 2-7；

　　　　F_{SP}——探针间距修正系数；

　　　　　F_t——温度修正系数，数值可查表 2-8。

表 2-6　厚度修正系数 $F(W/S)$（为圆片厚度 W 与探针间距 S 之比的函数）

W/S	$F(W/S)$	W/S	$F(W/S)$	W/S	$F(W/S)$	W/S	$F(W/S)$
0.40	0.9993	0.60	0.9920	0.80	0.9664	1.0	0.921
0.41	0.9992	0.61	0.9912	0.81	0.9645	1.2	0.864
0.42	0.9990	0.62	0.9903	0.82	0.9627	1.4	0.803
0.43	0.9989	0.63	0.9894	0.83	0.9608	1.6	0.742
0.44	0.9987	0.64	0.9885	0.84	0.9588	1.8	0.685
0.45	0.9986	0.65	0.9875	0.85	0.9566	2.0	0.634
0.46	0.9984	0.66	0.9865	0.86	0.9547	2.2	0.587
0.47	0.9981	0.67	0.9853	0.87	0.9526	2.4	0.546
0.48	0.9978	0.68	0.9842	0.88	0.9505	2.6	0.510
0.49	0.9976	0.69	0.9830	0.89	0.9483	2.8	0.477
0.50	0.9975	0.70	0.9818	0.90	0.9460	3.0	0.448
0.51	0.9971	0.71	0.9804	0.91	0.9438	3.2	0.422
0.52	0.9967	0.72	0.9791	0.92	0.9414	3.4	0.399
0.53	0.9962	0.73	0.9777	0.93	0.9391	3.6	0.378
0.54	0.9958	0.74	0.9762	0.94	0.9367	3.8	0.359
0.55	0.9953	0.75	0.9747	0.95	0.9343	4.0	0.342
0.56	0.9947	0.76	0.9731	0.96	0.9318		
0.57	0.9941	0.77	0.9715	0.97	0.9293		
0.58	0.9934	0.78	0.9699	0.98	0.9263		
0.59	0.9927	0.79	0.9681	0.99	0.9242		

注：此表源于国标 GB/T 1552—1995《硅、锗单晶电阻率测定直排四探针法》。

表 2-7　直径修正系数 $F(S/D)$（为探针间距 S 与圆片直径 D 之比的函数）

S/D	$F(S/D)$	S/D	$F(S/D)$	S/D	$F(S/D)$
0	4.532	0.035	4.485	0.070	4.348
0.005	4.531	0.040	4.470	0.075	4.322
0.010	4.528	0.045	4.454	0.080	4.294
0.015	4.524	0.050	4.436	0.085	4.265
0.020	4.517	0.055	4.417	0.090	4.235
0.025	4.508	0.060	4.395	0.095	4.204
0.030	4.497	0.065	4.372	0.100	4.171

注：此表源于国标 GB/T 1552—1995《硅、锗单晶电阻率测定直排四探针法》。

表 2-8　温度修正系数表　　　　　　　　($\rho_T = F_T \times \rho_{23}$)

温度/℃ \ 标称电阻率/Ω·cm，F_T	0.005	0.01	0.1	1	5	10
10	0.9768	0.9969	0.9550	0.9097	0.9010	0.9010
12	0.9803	0.9970	0.9617	0.9232	0.9157	0.9140
14	0.9838	0.9972	0.9680	0.9370	0.9302	0.9290
16	0.9873	0.9975	0.9747	0.9502	0.9450	0.9440
18	0.9908	0.9984	0.9815	0.9635	0.9600	0.9596
20	0.9943	0.9986	0.9890	0.9785	0.9760	0.9758
22	0.9982	0.9999	0.9962	0.9927	0.9920	0.9920
23	1.0000	1.0000	1.0000	1.0000	1.0000	1.0000
24	1.0016	1.0003	1.0037	1.0075	1.0080	1.0080
26	1.0045	1.0009	1.0107	1.0222	1.0240	1.0248
28	1.0086	1.0016	1.0187	1.0365	1.0400	1.0410
30	1.0121	1.0028	1.0252	1.0524	1.0570	1.0606

温度/℃ \ 标称电阻率/Ω·cm，F_T	25 (17.5~49.9)	75 (50.0~127.49)	180 (127.5~214.9)	250/500/1000 (≥215)
10	0.9020	0.9012	0.9006	0.8921
12	0.9138	0.9138	0.9140	0.9087
14	0.9275	0.9275	0.9278	0.9253
16	0.9422	0.9425	0.9428	0.9419
18	0.9582	0.9580	0.9582	0.9585
20	0.9748	0.9750	0.9750	0.9751
22	0.9915	0.9920	0.9922	0.9919
23	1.0000	1.0000	1.0000	1.0000
24	1.0078	1.0080	1.0082	1.0083
26	1.0248	1.0251	1.0252	1.0249
28	1.0440	1.0428	1.0414	1.0415
30	1.0600	1.0610	1.0612	1.0581

注：此表源于中国计量科学研究院。

由于该仪器中已有小数点处理环节，因此使用时无需再考虑电流、电压的单位问题。如果配置了 HQ-710E 数据处理器，只要置入厚度 W、F_{SP}、测量电流 I 等有关参数，即可计算、记录了。如果没有数据处理器（HQ-710E），同样可以依据上式用普通计算器算出准确的样片电阻率。

对厚度大于 4 倍探针间距的样片或晶锭，电阻率可按下式计算：

$$\rho = 2\pi SV/I \qquad (2\text{-}13)$$

这是样品厚度和任一探针离样品边界的距离均大于 4 倍探针间距（近似半无穷大的边界条件），无需进行厚度直接修正的经典公式。此时如用间距 $S=1\mathrm{mm}$ 的探头，电流 I 选择 0.628；用 $S=1.59\mathrm{mm}$ 的探头，电流 I 选择 0.999，即可从该仪器的电压表（DVM2）上直接读出电阻率。

用 KDY-1 测量导电薄膜、硅的异型外延层、扩散层、导电薄膜的方块电阻时，计算公式为：

$$R = \frac{V}{I} F(D/S) F(W/S) F_{\mathrm{SP}}$$

由于导电层非常薄，故 $F(W/S)=1$，所以只要选取电流 $I=F(D/S)F_{\mathrm{SP}}$，$F(D/S)=$ 4.532，测量时电流调节到 04532，ρ/R 选择在 R 灯亮，从 KDY-1 右边的电压表（DVM2）上即可直接读出扩散薄层的方块电阻 R。

注意 在测量方块电阻时，ρ/R 选择要在 R，仅在电流 0.01mA 挡时电压表最后一位数溢出（其他挡位可以正常读数），故读数时需要注意，如电流在 0.01 挡时电压表读数为 00123，实际读数应该是 001230。

② 使用方法

a. 主机面板、背板介绍 仪器除电源开关在背板外，其他控制部分均安装在前面板上，如图 2-16 所示。面板的左边集中了所有与测量电流有关的显示和控制部分，电流表（DMV1）显示各挡电流值，电流选择值供电流选挡用，交流 220V 电源接通后，仪器自动选择在常用的 1.0mA 挡，此时 1.0 上方的红色指示灯亮，随着选择开关的按动，指示灯在不同的挡位亮起，直选到挡位合适为止。打开恒流源，上方指示灯亮，电流表显示电流值，调节粗调旋钮，使前三位数达到目标值，再调细调旋钮，使后两位数达到目标值。这样就完成了电流调节工作，此时可以把注意力集中到右边。面板的右边集中了所有电压测量有关的控制部件，电压表（DMV2）显示各挡（ρ/R 手动/自动）的正向、反向电压测量值。ρ/R 键必须选对，否则测量值会相差 10 倍。同样手/自动挡也必须选对，否则仪器拒绝工作。

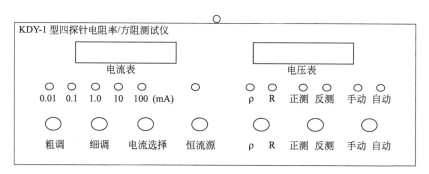

图 2-16 前面板图

后背板上主要安装的是电缆插座，如图 2-17 所示。安装时注意插头与插座的对位标志。因为在背后容易漏插，松动时不易被发现，所以安装必须插全、插牢。

b. 使用仪器前将电源线、测试架连接线、主机与数据处理器的连接线（如使用处理器）连接好，并注意测试架上是否已接好探针头。电源线插头插入交流 220V 插座后，开启背板上的电源开关，此时前面板上的数字表、发光二极管都会亮起来。探针头压在被测单晶上，

图 2-17　后背板图

打开恒流源开关，左边的表显示从 1、4 探针流入单晶的测量电流，右边的表显示电阻率（测单晶锭时）或 2、3 探针间的电位差。电流大小通过旋转前面板左下方的两个电位器旋钮加以调节，其他正/反向测量、ρ/R 选择、自动/手动测量，都通过前面板上可自锁的按钮开关控制。

c. 仪器测量电流　分五挡：0.01mA（10μA）、0.1mA（100μA）、1.0mA、10mA、100mA，读数方法如下：

在 0.01mA 挡显示 5 位数时：10000　　表示电流为：0.01mA（10μA）

如显示：06282　　　　　　　　　　表示电流为：6.28μA

在 0.1mA 挡显示 5 位数时：10000　　表示电流为：0.1mA（100μA）

如显示：04532　　　　　　　　　　表示电流为：45.32μA

在 1.0mA 挡显示 5 位数时：10000　　表示电流为：1mA

如显示：06282　　　　　　　　　　表示电流为：0.6282mA

同样在 10mA 挡显示：10000　　　　表示电流为：10mA

如显示：04532　　　　　　　　　　表示电流为：4.532mA

如 100mA 挡显示：10000　　　　　　表示电流为：100mA

显示：06282　　　　　　　　　　　表示电流为：62.82mA

电流挡的选择采用循环步进式的选择方式，在仪器面板上有一个电流选择按钮，每按一次进一挡。仪器通电后自动设定在常用的 1.0mA 挡，如果不断地按下"电流选择"按钮，电流挡位按下列顺序不断地循环：

1.0mA→10mA→100mA→0.01mA→0.1mA→1.0mA→10mA→……

可以快速找到所需的挡位。

d. 电压表读数　为了方便直接用电压表读电阻率，所以人为改动了电压表的小数点移位，如需要直接读取电压值时需注意，该电压表为 199.99mV 的数值电压表，读电压值时小数点是固定位置的，

例如：电压表显示　　　读电压值

　　　　1.9999　　　　　199.99mV

　　　　19.999　　　　　199.99mV

　　　　199.99　　　　　199.99mV

　　　　1999.9　　　　　199.99mV

　　　　19999　　　　　199.99mV

根据国标 GB/T 1552—1995，不同电阻率硅试样所需要的电流值如表 2-9 所示。

表 2-9 不同电阻率硅试样所需要的电流值

电阻率/Ω·cm	电流/mA	推荐的圆片测量电流值
<0.03	≤100	100
0.03~0.30	<100	25
0.3~3	≤10	2.5
3~30	≤1	0.25
30~300	≤0.1	0.025
300~3000	≤0.01	0.0025

根据 ASTM F374—84 标准方法测量方块电阻所需要的电流值如表 2-10 所示。

表 2-10 测量方块电阻所需要的电流值

方块电阻/(Ω/□)	电流/mA
2.0~25	10
20~250	1
200~2500	0.1
2000~25000	0.01

e. 恒流源开关是在发现探针带电压接触被测材料影响测量数据（或材料性能）时再使用，即先让探针头压触在被测材料上，后开恒流源开关，避免接触时瞬间打火。为了提高工作效率，如探针带电压接触被测材料对测量并无影响时，恒流源开关可一直处于开的状态。

f. 正、反向测量开关只有在手动状态下才能人工控制工作，在自动状态下由数据处理器控制，因此在手动正、反向开关不起作用时，先检查手动/自动开关是否处于手动状态。相反在使用数据处理器测量材料电阻率时，仪器必须处于自动状态，否则数据处理拒绝工作。

g. 在使用数据处理器自动计算及记录时，必须严格按照使用说明操作，特别注意输入数据的位数。

③ 主机技术参数

a. 测量范围

可测电阻率：0.0001~19000Ω·cm

可测方块电阻：0.001~190000Ω/□

b. 恒流源

输出电流：DC 0.001~100mA 五挡连续可调

量程：0.001~0.01mA；0.01~0.10mA；0.10~1.0mA；1.0~10mA；10~100mA

恒流精度：各挡均低于±0.05%

c. 直流数字电压表

测量范围：0~199.99mV

灵敏度：10μV

基本误差：±(0.004%读数+0.01%满度)

输入阻抗：≥1000MΩ

d. 供电电源

AC 220V±10% 50/60Hz 功率：12W

e. 使用环境

温度：（23±2）℃；相对湿度：≤65％

无较强的电场干扰，电源隔离滤波，无强光直接照射

f. 重量、体积

主机重量：7.5kg

体积：365mm×380mm×160mm

2.2.3　非平衡少数载流子寿命的测量

（1）非平衡少数载流子寿命

太阳电池少子，也称为非平衡载流子、少数载流子或非平衡少数载流子。对 P 型硅而言，少子就是电子，对 N 型硅而言就是空穴。少子寿命与太阳电池转换效率密切相关，如图 2-18 所示，是晶体硅最重要的电学参数之一，用于硅片检测、Fe 杂质沾污浓度测量、表面钝化效果表征、多晶硅中缺陷的表征以及用于电池失效分析。太阳电池少子可以通过光照或电注入的方式产生，如图 2-19 所示。如果没有持续的光照或电注入，非平衡少子会被复合掉，其平均的生存时间即是少子寿命，用 τ 表示。它通常随时间按指数关系衰减，如图 2-20所示。

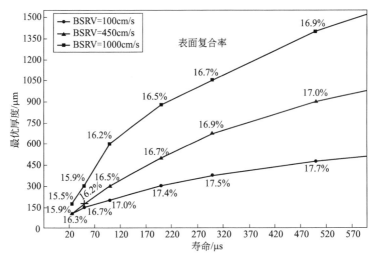

图 2-18　少子寿命与电池效率以及硅片最优厚度的关系

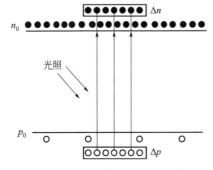

图 2-19　非平衡载流子产生示意图

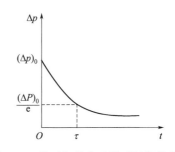

图 2-20　非平衡载流子随时间指数衰减

少子寿命测试方法很多，包括微波光电导衰减法（μ-PCD）、表面光电压（SPV）、直流光电导方法（四探针）、电子束诱生电流（EBIC）、电致发光/光致发光等。这些测量方法都包括非平衡载流子的注入和检测两个基本方面。最常用的注入方法是光注入和电注入，而检测非平衡载流子的方法很多，如探测电导率的变化，探测微波反射或透射信号的变化等，这样组合就形成了许多寿命测试方法，如直流光电导衰减、高频光电导衰减、表面光电压、微波光电导衰减等。对于不同的测试方法，测试结果可能会有出入，因为不同的注入方法，厚度或表面状况的不同，探测和算法等也各不相同。因此，少子寿命测试没有绝对的精度概念，也没有国际认定的标准样片的标准，只有重复性、分辨率的概念。对于同一样品，不同测试方法之间需要做比对试验，但比对结果并不理想。

（2）微波光电导衰减法（μ-PCD）少子寿命测试原理

这里详细地介绍微波光电导衰减法（μ-PCD）。具体地说，是使用波长为 904nm 的激光激发硅片（对于硅，注入深度大约为 30μm）产生电子-空穴对，导致样品电导率的增加，当撤去外界光注入时，电导率随时间指数衰减，这一趋势间接反映少数载流子数量的衰减趋势，通过微波探测硅片电导率随时间的变化，就可以得到少数载流子的寿命（图 2-21 和图 2-22）：

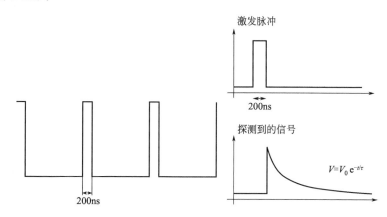

图 2-21　微波光电导衰减法脉冲激光示意图

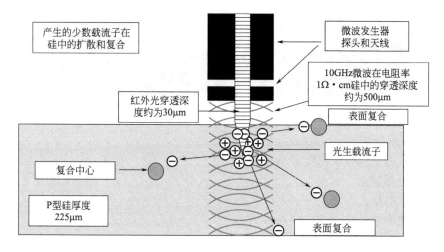

图 2-22　微波光电导衰减法工作原理示意图

$$\frac{1}{\tau_{eff}} = \frac{1}{\tau_{bulk}} + \frac{1}{\tau_{Sd}} \quad \tau_{Sd} = \frac{d}{S_1 + S_2} + \frac{d^2}{\pi^2 D} \tag{2-14}$$

式中，τ_{eff} 为有效寿命（测试寿命）；τ_{bulk} 为体寿命；τ_{Sd} 为表面复合影响的寿命；S_1、S_2 为两个表面的复合速率；d 为样品厚度；D 为扩散系数。

微波光电导衰减法（μ-PCD）相对于其他方法，有如下特点：

a. 无接触、无损伤、快速测试；

b. 能够测试较低寿命；

c. 能够测试低电阻率的样品（最低可以测 $0.1\Omega \cdot cm$ 的样品）；

d. 既可以测试硅锭、硅棒，也可以测试硅片或成品电池；

e. 样品不经过钝化处理就可以直接测试；

f. 既可以测试 P 型材料，也可以测试 N 型材料；

g. 对测试样品的厚度没有严格的要求。

该方法是最受市场接受的少子寿命测试方法。

少子寿命测试在光伏领域的应用广泛，例如在单晶生长和切片生产中，少子寿命测试可以用于调整单晶生长的工艺，如温度或速度，控制回炉料、头尾料或其他回收料的比例，检测单晶棒或单晶片的出厂指标；在多晶浇铸生产中，少子寿命测试可以用于硅锭工艺质量控制，根据少子寿命分布准确判断去头尾位置；而在太阳电池生产过程中，则可以用于来片检查、工艺过程中的沾污控制以及每道工序后的检测（如磷扩散、氮化硅钝化、金属化等）。

(3) WT2000 少子寿命测试仪实训指导

WT2000 少子寿命测试仪外观如图 2-23 所示。

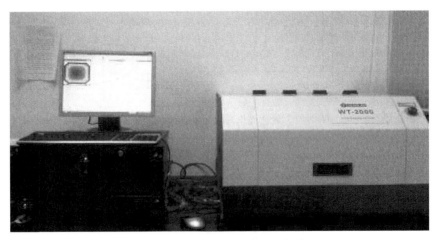

图 2-23　WT2000 少子寿命测试仪外观

① 主要功能

a. 少子寿命测量（微波光电导衰减法）。

b. 光诱导电流测量。

c. 光反射率测量。

d. 方块电阻测量（表面光电压法）。

e. 体电阻率测量（涡流法）。

所有测量均采用无接触方式进行。

② 测量原理及结构图（图 2-24～图 2-26）

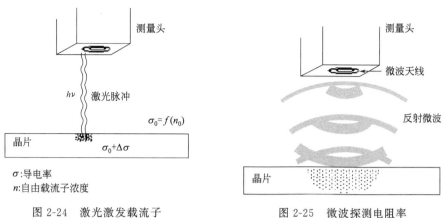

图 2-24　激光激发载流子　　　　　　　图 2-25　微波探测电阻率

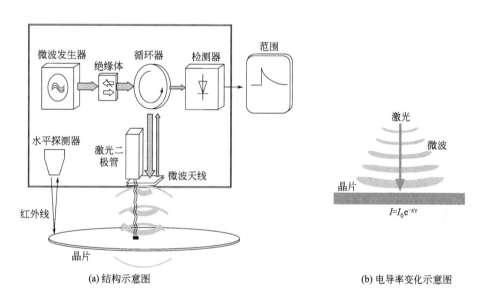

(a) 结构示意图　　　　　　　　　　　(b) 电导率变化示意图

图 2-26　WT2000 集成式探头

③ 操作步骤

a. 开机：先开 DOS 后开 Windows，如果软件界面左下角显示"done"，说明 DOS 和 Windows 未连接好，连接好应显示"OK"。然后开小真空泵。

b. 在 measure 菜单中点击"initialize"，待左下角显示"OK"。

c. 选择需要测试的项目。该仪器测试项目有 μ-PCD（少子寿命）、EDDY（电阻率）、SHR（方块电阻测试）、LBIC（光诱导电流）。

d. 测量少子寿命，选择 μ-PCD，然后在 measure 菜单中点击"options"，弹出 measurement'wintau32'options。在 loading 的下拉菜单，把样品改为 Square（方片），并选择"optical finder"（光学寻边），点击"OK"。

e. 将待测的多晶硅片放在载物台中央合适的位置，点击"Load wafer"命令，对话框中点击"OK"，如出现"Error"对话框，框中显示"12/12/2007 6：04：39 pm only pos edge"意味着没有找到边，点击"OK"。

f. 寻边成功后,机器自动识别片的尺寸为 5in,设定测量步长为 1mm,点击 "measure recipe(s)" 命令。等待测量完毕后,点击 "Unload wafer" 命令,将硅片放回原处。

g. 观察测量结果,并保存结果(图 2-27)。

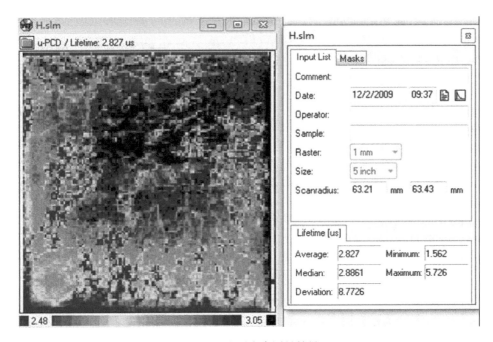

图 2-27　少子寿命测量结果

④ 样品表面钝化方法

a. 在样品表面上沉积一层固定电荷,以消除表面复合,如图 2-28 所示。

b. 热氧化法。在硅片表面形成一层 SiO_2 钝化层,该方法的钝化效果最好。

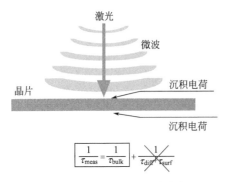

图 2-28　利用表面电荷消除表面
负荷原理示意图

c. 化学钝化法。在化学钝化之前,需要对样品进行预处理,以减少表面损伤层的影响。对于抛光过或表面被均匀地腐蚀过而且表面没有氧化层的样片,无需预处理。对于抛光过或表面被均匀地腐蚀过但表面有氧化层的样片,需要 HF 酸预处理。对于表面有损伤或表面粗糙的样片(太阳能级样品大都属此类),需要用(95% HNO_3 + 5% HF)预处理。

化学钝化的步骤如图 2-29 所示。

不要将碘酒滴在样片表面直接测试,因碘酒易挥发到探头上,从而影响探头的信号。

---

❶ 1in = 25.4mm

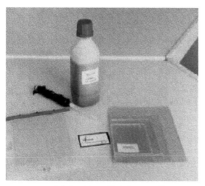
(a) 准备好碘酒、塑料袋及吸管

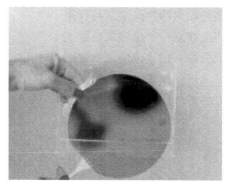
(b) 将样品放入塑料袋中

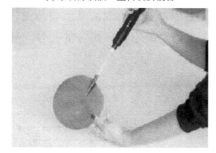
(c) 正反面涂碘酒

(d) 赶气泡，封袋

图 2-29　化学钝化的操作

任务三　单晶硅晶向定向

任务目标

① 了解光图定向法与 X 射线衍射法的定向原理。
② 掌握单晶硅晶体取向的表示方法。
③ 能够使用 X 射线衍射仪进行晶向的测试。

【任务实施】

2.3.1　认识晶体定向

单晶硅材料在生产过程中大体上是沿着一定的晶向定向生长的，如 [111] 和 [100] 晶向等。但根据生产工艺的要求，晶体的生产方向与晶向之间会存在一定的偏离角度。因此，在切籽晶时，就要求按一定晶向的偏离度进行切割。制好的单晶硅在制造太阳能级硅片时，也要求按一定的晶向切片以满足制绒和质量的要求。

常用的晶体定向方法有如下四种：①外观判断；②通过解理面或破碎面判断；③通过腐蚀坑的形态判断；④通过仪器测量定向。一般晶体硅生产厂商主要通过 X 射线衍射定向法和光图定向法来进行生产。

（1）晶向定向的广义定义与作用

在晶体上建立一个坐标系，由 X、Y、Z 轴组成。X、Y、Z 轴也称为晶轴或结晶主轴。三根晶轴上分别有轴单位矢量 a、b、c，还有轴角 α、β、γ。晶轴的方向以在原点的前方、右方、上方为正，反之为负，如图 2-30 所示。

对立方体和八面体来说，X、Y、Z 是对称的，性质相同，所以 $a=b=c$，而且三根晶轴是相互垂直的，所以 $\alpha=\beta=\gamma=90°$。

晶体定向的作用：①晶体定向后就可以对晶体上所有的面、线等进行标定，给出这些面、线的晶体学方向性符号；②晶体定向是研究晶体各种物理性质方向性的基础。

（2）认识晶向指数和晶面指数

在晶体中存在着一系列的原子列或原子平面，晶体中原子组成的平面叫晶面，原子列表示的方向称为晶向。为了便于表示各种晶向和晶面，需要确定一种统一的标号，称为晶向指数和晶面指数，国际上通用的是密勒（Miller）指数。

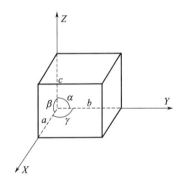

图 2-30 晶胞的晶向参数

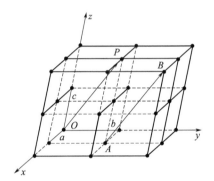

图 2-31 晶向指数确定示意图

晶向指数的确定如图 2-31 所示：

① 过晶胞原点作一直线 OP，使其平行于待标定的晶向 AB；

② 在直线 OP 上选取距原点 O 最近的一个阵点 P，确定 P 点的坐标值；

③ 将此值乘以最小公倍数化为最小整数 u、v、w，加上方括号，$[uvw]$ 即为 AB 晶向的晶向指数，如 u、v、w 中某一数为负值，则将负号标注在该数的上方；

④ 晶体中因对称关系而等同的各组晶向可归并为一个晶向族，用 $<uvw>$ 表示。

晶面指数的确定如图 2-32 所示：

① 对晶胞作晶轴 x、y、z，以晶胞的边长（a、b、c）作为晶轴上的单位长度；

② 求出待定晶面在三个晶轴上的截距 r、s、t（如该晶面与某轴平行，则截距为∞）；

③ 取这些截距数的倒数 $1/r$、$1/s$、$1/t$；

④ 将上述倒数化为最小的简单整数，并加上圆括号，即表示该晶面的指数，一般记为（hkl）。

在晶体中有些晶面具有共同的特点（其上原子排列和分布规律是完全相同的，晶面间距也相同），唯一不同的是晶面在空间的位向，这样的一组等同晶面称为一个晶面族，用符号 {hkl} 表示。

（3）认识晶面间距与晶面夹角

不同的 {hkl} 晶面，其面间距（即相邻的两个平行晶面之间的距离）各不相同。其特

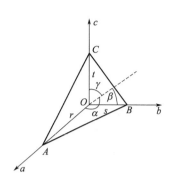

图 2-32 晶面指数确定示意图

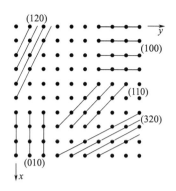

图 2-33 不同晶面指数的晶面间距示意图

点：低指数晶面的面间距较大，而高指数晶面的面间距小，如图 2-33 所示。

正交晶系的面间距公式：

$$d_{hkl} = \frac{1}{\sqrt{\left(\dfrac{h}{a}\right)^2 + \left(\dfrac{k}{b}\right)^2 + \left(\dfrac{l}{c}\right)^2}} \tag{2-15}$$

图 2-34 表示立方晶体中的几个主要晶面及晶向。由于晶胞参数的关系，在立方晶体中指数相同的晶面和晶向相互垂直。

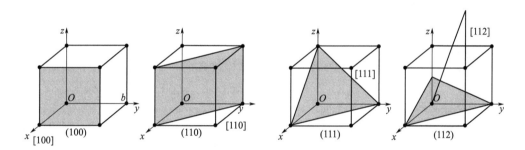

图 2-34 立方晶体中的晶面与晶向

简单立方晶系面间距计算式：

$$d_{hkl} = \frac{a}{\sqrt{h^2 + k^2 + l^2}} \tag{2-16}$$

立方晶系，两个晶面 $(h_1 k_1 l_1)$ 和 $(h_2 k_2 l_2)$ 之间的夹角：

$$\theta = \arccos\left\{ \frac{h_1 h_2 + k_1 k_2 + l_1 l_2}{\sqrt{h_1^2 + k_1^2 + l_1^2} \times \sqrt{h_2^2 + k_2^2 + l_2^2}} \right\} \tag{2-17}$$

2.3.2 单色 X 射线衍射法定向

图 2-35 所示为 X 射线衍射定向仪示意图，主要由三部分组成：单色 X 射线发生器、样品台、探测仪。其电气原理如图 2-36 所示。

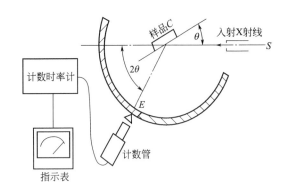

图 2-35 X 射线衍射定向仪示意图和设备图

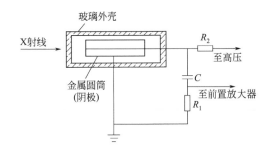

图 2-36 X 射线衍射仪电气原理图

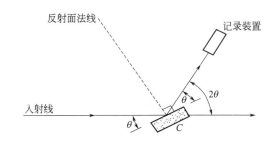

图 2-37 晶向确定原理图

X 射线测试装置一般使用铜靶，X 射线束通过一个狭缝系统校正，使其穿过一个薄的镍制滤光片而成为一束基本上为单色的平行射线。试样放置在一个支座上，使被测面可以绕轴旋转一定角度，满足布拉格条件。用盖革计数管进行定位，使入射 X 射线束、衍射光束、基准面法线及探测器窗口在同一平面内。

当一束单色 X 射线照射到晶体表面，使入射线与晶体中表面的夹角为 θ，利用计数器探测衍射线，根据其出现的位置即可确定单晶的晶向。如图 2-37 所示。

当入射光束与反射平面之间夹角 θ、X 射线波长 λ、晶面间距 d 及衍射线级数 n 同时满足下面布拉格定律，即：

$$n\lambda = 2d\sin\theta \tag{2-18}$$

对于立方晶胞结构，由于：

$$d = \frac{a}{\sqrt{h^2 + k^2 + l^2}} \tag{2-19}$$

所以有：

$$\sin\theta = \frac{n\lambda\sqrt{h^2 + k^2 + l^2}}{2a} \tag{2-20}$$

式中，a 为晶格常数，h、k、l 为反射平面的密勒指数。对于硅、锗等Ⅳ族半导体和砷化镓及其他Ⅲ-Ⅴ族半导体，通常可观察到发射一般遵循以下规则：h、k 和 l 必须具有一致的奇偶性，并且当其全为偶数时，$h+k+l$ 一定能被 4 除尽。表 2-11 列出了硅、锗及砷化镓单晶低指数反射面对于铜靶衍射的 θ 角取值。

表 2-11 X 射线照射到单晶上几何反射条件

反射平面 hkl	布拉格角 θ		
	硅($a=5.43073$Å$\pm$0.00002)	锗($a=5.6575$Å$\pm$0.00001)	砷化镓($a=5.6534$Å$\pm$0.00002)
111	14°14′	13°39′	13°40′
220	23°40′	22°40′	22°41′
311	28°05′	26°52′	26°53′
400	34°36′	33°02′	33°03′
331	38°13′	36°26′	36°28′
422	44°04′	41°52′	41°55′

注：a 为晶格常数值。1Å=0.1nm。

2.3.3 X 射线单晶衍射仪操作规程及注意事项

X 射线单晶衍射仪外观如图 2-38 所示。

图 2-38 X 射线单晶衍射仪

(1) 准备与开机

① 打开仪器的总电源开关，然后启动循环冷却系统。

② 开启 CCD 冷却系统，等待温度稳定至−40℃。

③ 开启仪器的开关，仪器稳定后，开动 X-RAY ON 开关，X-RAY 指示灯亮，X-RAY 正常启动。

④ 打开 CCD 电源开关。

⑤ 挑选大小合适的晶体，粘在载晶工具上，插在铜座上，固定于样品台上。

(2) 上样和对心

① 打开桌面的 CrysAlisPro 软件（一般不需要），或者直接在上一个样品检测完成后进行。按键盘 F12 激活窗口。此时应保证 X-RAY 工作电压为 50kV，工作电流 0.8mA，CCD 为−40℃。

② 观察视频窗口是否指示当前位置为 Lower 位置，即 Lower 按钮上方是否亮绿灯。如

果不是，按键盘 PageDown 按钮使测角仪转到 Lower 位置上。

③ 小心在载晶座上安装好晶体，按键盘方向按钮，使测角仪旋转至 0°位置。

④ 用载晶座调节工具调整晶体的垂直和水平位置，使晶体位于 LCD 监视器中心位置。在 Lower 位置上安装好载晶座（底座有一凹位与测角头上的凸位对接）。

（3）数据收集

① 通过预实验测定晶体的晶胞参数，并与 CCDC 软件比对，看看是不是新结构。

② 根据预实验确定数据收集的策略。根据所测晶体的对称性（Laue 群），计算数据收集策略。默认为程序根据预实验结果自动选择晶系。Ylid 晶体群为 mmm。也可以根据对称性直接收集半球（三斜晶系）、1/4 球（单斜）或 1/8。

③ 晶体在收集数据的过程中自动还原数据。

（4）关机（通常情况下不需要关机）

① 按 X-RAY OFF 键，X 射线关闭，关闭仪器的电源开关和循环冷却系统，最后关闭仪器的总电源开关，实验结束。

② 在记录本上记录使用情况。

任务四　单晶位错密度检测

任务目标

① 了解金相显微镜的结构。

② 掌握位错密度的测量方法。

③ 掌握金相显微镜的测试方法与金相样品制备。

【任务实施】

2.4.1　位错密度

位错主要为晶体硅中的线缺陷，它标志着晶体结构的完整程度，它对半导体材料的电学性能有很大影响。对于太阳电池而言，位错等缺陷会造成扩散结面的不平整，P-N 结反向电流增大，严重时甚至大幅影响电池的效率。太阳电池所使用的单晶硅片的位错密度要低于 3000pcs/cm²，而且还要求晶体位错分布均匀，位错高低直接影响晶体做器件的质量。

测量单位体积内位错的方法有 X 射线法、电子显微镜法和铜缀饰红外投射法等，但这些方法设备昂贵，工艺复杂，所以生产上很少采用。

目前光伏企业中的硅片检测广泛使用的是腐蚀金相法（腐蚀坑法）。它是将样品进行化学腐蚀，然后用金相显微镜测定样品表面上出现的腐蚀坑数目。因为每一腐蚀坑代表与被测表面相交的一条位错线的露头处，所以位错密度是指单位被测表面积上相交的位错线（坑）的个数：

$$N_D = n/S \tag{2-21}$$

式中，N_D 为位错密度，个/cm² ；n 是位错线（坑）的个数；S 是面积。

为什么在晶体表面位错露头的地方经化学腐蚀后会出现腐蚀坑呢？这是因为在位错线的地方原子排列不规则，存在差应力场，使该处的原子具有较高的能量和较大的应力，当用某种化学腐蚀剂腐蚀晶体时，有位错处的腐蚀速度大于完整晶体的腐蚀速度，这样经过一定时间腐蚀后，就会在位错线和样品表面的相交处显示出凹的蚀坑。由于晶体具有各向异性，因此在不同的结晶面腐蚀速度不同，在不同晶面上其蚀坑形状亦不同，如图 2-39 和图 2-40 所示。在（111）面上经腐蚀出现正三角形腐蚀坑，在（100）面上出现正四边形腐蚀坑，在（110）面上为矩形腐蚀坑。

晶面	位错蚀坑形状和取向	
(100)		
(110)		
(111)		

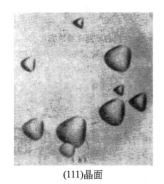

(111)晶面

(110)晶面

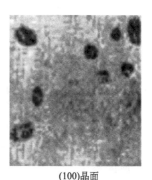

(100)晶面

图 2-39 典型晶面对应的位错蚀坑形状

用金相显微镜观测位错密度（图 2-41）是一种近似的方法，因为位错在晶体中的分布是不规则的，有些位错并不一定在被观测的面形成蚀坑，有些位错非常邻近，几个邻近的位错只形成一个蚀坑，所以蚀坑与位错并不是一一对应的，它只能近似地反映出晶体中的位错密度大小。金相显微镜视场面积的大小需依据晶体中位错密度的大小来选定。一般位错密度大时，放大倍数也应大些。为了统一起见，我国国家标准（GB 1554—79）中规定：位错密度在 10^4 个/cm² 以下者，采用 1mm² 的视场面积；位错密度在 10^4 个/cm² 以上者，采用 0.2mm² 的视场面积。并规定取距边缘 2mm 区域内的最大密度作为出厂依据。为了粗略反映位错的分布情况，还需加测中心点。

(a) 刃形

(b) 螺形

图 2-40 金相显微镜中硅单晶体 〔111〕晶面上位错蚀坑的形状

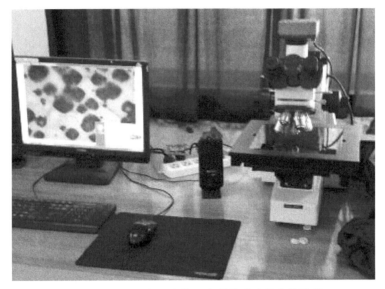

图 2-41 利用金相显微镜观察单晶硅片的位错情况

2.4.2 金相显微镜简介

光学金相显微镜的构造一般包括照明系统、放大系统、光路系统和机械系统等几部分，其中放大系统是显微镜的关键部分。图 2-42 给出了物镜的性能标志。

(1) 放大系统

① 显微镜放大成像原理 如图 2-43 所示。由图可见，显微镜的放大作用由物镜和目镜共同完成。物体 AB 位于物镜的焦点 F_1 以外，经物镜放大而成为倒立的实像 A_1B_1，这一实像恰巧落在目镜的焦点 F_2 以内，最后由目镜再次放大为一虚像 A_2B_2，人们在观察组织时所见到的像，就是经物镜、目镜两次放大，在距人眼约 150mm 明视距离处形成的虚像。

由图 2-43 可知：

$$物镜的放大倍数 M_物 = \frac{A_1B_1}{AB}$$

$$目镜的放大倍数 M_目 = \frac{A_2B_2}{A_1B_1}$$

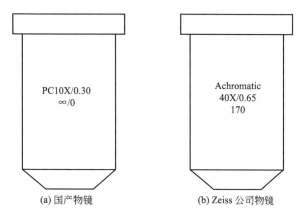

图 2-42　物镜的性能标志

PC—平场；Achromatic—消色差；10X—放大倍数；40X—放大倍数；0.30—数值孔径；

0.65—数值孔径；∞—机械镜筒长度；170—机械镜筒长度；0—无盖玻片

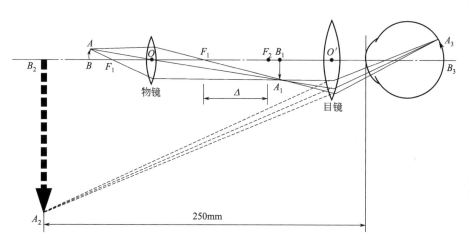

图 2-43　金相显微镜放大成像原理图

$$显微镜的总放大倍数\ M＝M_物×M_目＝\frac{A_2B_2}{AB}$$

说明显微镜的总放大倍数 M 等于物镜放大倍数和目镜放大倍数的乘积。目前普通光学金相显微镜最高有效放大倍数为 1600～2000 倍，常用放大倍数有 100、450 和 650。

参照图 2-43，如果忽略 AB 与 F_1、A_1B_1 与 F_2 的间距，依相似三角形定理可求出：

$$M_物＝\frac{A_2B_2}{AB}＝\frac{F_1F_2}{F_1O}＝\frac{\Delta}{f}$$

式中，Δ 为光学镜筒长度；f 为物镜焦距。

因光学镜筒长度为定值，可见物镜放大倍数越高，物镜的焦距越短，物镜离物体越近。

② 透镜像差　透镜在成像过程中，由于受到本身物理条件的限制，会使映像变形和模糊不清。这种像的缺陷称为像差。在金相显微镜的物镜、目镜以及光路系统设计制造中，虽将像差尽量减少到很小的范围，但依然存在。像差有多种，其中对成像质量影响最大的是球面像差、色像差和像域弯曲三种。

a. 球面像差 由于透镜表面为球面,其中心与边缘厚度不同,因而来自一点的单色光经过透镜折射后,靠近中心部分的光线偏折角度小,在离透镜较远的位置聚集;而靠近边缘处的光线偏折角度大,在离透镜较近的位置聚集,因而必然形成沿光轴分布的一系列的像,使成像模糊不清,这种现象为球面像差。球面像差主要靠用凸透镜和凹透镜所组成的透镜组来减小。另外,通过加光阑的办法,缩小透镜成像范围,也可以减小球面像差的影响。

b. 色像差 色像差与光波波长有着密切关系。当白色光中不同波长的光线通过透镜时,因其折射角度不同而引起像差。波长越短,折射率越大,其焦点越近;波长越长,折射率越小,则焦点越远。因而不同波长的光线不能同时在一点聚集,致使映像模糊,或在视场边缘上见到彩色电视环带,这种现象称为色像差。色像差同样可以靠透镜组来减小影响。在光路中加上滤光片,使白色光变成单色光,也能有效地减小色像差。

c. 像域弯曲 垂直于光轴的平面,通过透镜所形成的像,不是平面而是凹形的弯曲像面,这种现象叫像域弯曲。像域弯曲是由于各种像差综合作用的结果。一般物镜都或多或少地存在着像域弯曲,只有校正极佳的物镜才能达到趋近平坦的像域。

③ 物镜 显微镜观察所见到的像是经物镜和目镜两次放大后所得到的虚像,其中目镜仅起到将物镜放大的实像再放大的作用。因此,显微镜的成像质量如何,关键在物镜。物镜的种类按像差校正分类,常用的有消色差物镜(无标志)、复消色差物镜(标志 APO)和平面消色差物镜(标志 PL 或 Plan)。其中消色差物镜结构简单,价格低廉,像差已基本上予以校正,故普通小型金相显微镜多采用这种物镜。另外,按物体表面与物镜间的介质分,有介质为空气的干系物镜和介质为油的油系物镜两类。按放大倍数分,还可分为低倍、中倍和高倍。无论哪种物镜,都是由多片透镜组合而成的。

a. 物镜上的标志 按国际标准规定,物镜的放大倍数和数值孔径标在镜筒中央清晰位置,并以斜线分开,例如 45/0.63、90X/1.30 等。表示镜筒长度的字样或符号以及有无盖玻片的符号,标在放大倍数和数值孔径的下方,并用斜线分开,例如 160/—、∞/0 等。表示干系或油系的字样,可标在放大倍数和数值孔径的上方或其他合适位置。如图 2-44 所示。

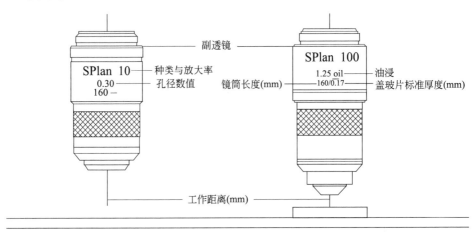

图 2-44 物镜上的标志

b. 数值孔径（N. A.） 数值孔径（Numerical Apertyre，以符号 N. A. 表示）表征物镜的集光能力，其值大小取决于进入物镜的光线锥所张开的角度，即孔径角的大小：

$$N. A. = n\sin\theta$$

式中，n 为试样与物镜间介质的折射率，空气介质 $n=1$，松柏油介质 $n=1.515$；θ 为孔径角的半角。如图 2-45 所示。数值孔径 N. A. 值的大小标志着物镜分辨率的高低，干系物镜因 $n=1$，而 $\sin\theta$ 总小于 1，故 N. A. <1。油系物镜因 n 值可高达 1.5 以上，故 N. A. ≫1。

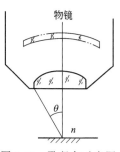

图 2-45 孔径角示意图

c. 物镜的分辨率 显微镜的分辨率主要取决于物镜。分辨率的概念与放大倍数（又称放大率）不同，可以做这样一个实验：用两个不同的物镜在同样放大倍数下观察同一个细微组织，能够得到两种不同的效果，一个可以清楚地分辨出组织中相距很近的两个点，另一个只能看到这两个点连在一起的模糊轮廓，如图 2-46 所示。显然前一个物镜的分辨率高，而后一个物镜的分辨率低。所以物镜的分辨率可以用物镜所能清晰分辨出的相邻两点间最小距离 d 来表示。d 与数值孔径的关系如下：

$$d = \frac{\lambda}{2N. A.}$$

式中，λ 为入射光的波长；N. A. 为物镜的数值孔径（无量纲量）。

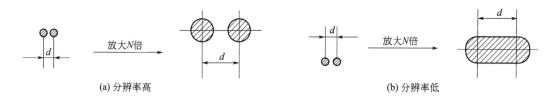

图 2-46 物镜分辨率高低示意图

可见，分辨率与入射光的波长成正比，λ 越短分辨率越高；与数值孔径成反比，物镜的数值孔径越大分辨率越高。

d. 有效放大倍数 能否看清组织的细节，除与物镜的分辨率有关外，还与人眼实际分辨率有关。如物镜分辨率很高，形成清晰的实像，可是与之配用的目镜倍数过低，致使观察者难以看清。此时称"放大不足"，即未能充分发挥物镜的分辨率。但是，误认为选用的目镜倍数越高，即总放大倍数越大看得越清晰，这也是不妥当的。实践证明，超过一定界限，放得越大映像反而越模糊，此时称"虚伪放大"。

物镜的数值孔径决定了显微镜的有效放大倍数。所谓有效放大倍数，是指物镜分辨清晰的 d 距离，被人眼也同样分辨清晰所必须放大的倍数，用 $M_{观察}$ 表示：

$$M_{观察} = \frac{l}{d} = \frac{l}{\dfrac{\lambda}{2N. A.}} = \frac{2l}{\lambda} N. A.$$

式中，l 为人眼的分辨率，在 250mm 处正常人眼分辨率为 0.15～0.30mm。

了解有效放大倍数范围，对考虑物镜和目镜的正确选择十分重要。例如 25 倍的物镜，N. A. =0.4，其有效放大倍数应在 500（0.4）～1000（0.4）倍，即 200～400 倍范围内。因此应选择 8 倍或 16 倍的目镜与该物镜配合使用。

④ 目镜　常用的目镜按其构造可分为五种：负型目镜、正型目镜、补偿目镜、摄影目镜和测微目镜。

a. 负型目镜　负型目镜以福根目镜为代表。福根目镜是由两片单一的平凸透镜并在中间加一光阑组成。接近眼睛的透镜称目透镜，起放大作用；另一透镜称场透镜，能使映像亮度均匀。中间的光阑可以遮挡无用光，提高映像清晰度。福根目镜并未对透镜像差加以校正，故只适于和低倍或中倍消色差物镜配合使用。

b. 正型目镜　正型目镜以雷斯登目镜为代表。雷斯登目镜也是由两片凸透镜组成，所不同的是光阑在场透镜的外面。这种目镜有良好的像域弯曲校正，球面像差也比较小，但色像差比福根目镜严重。另外，在相同放大倍数下，正型目镜的观察视场比负型目镜略小。

c. 补偿目镜　补偿目镜是一种特制的目镜，结构较上述两种都复杂，与复消色差物镜配合使用，可以补偿校正残余色差，得到全面清晰的映像，但不宜与普通消色差物镜配合使用。

d. 摄影目镜　摄影目镜专用于金相摄影，不能用于观察。由于对透镜的球面像差/像域弯曲均有良好的校正，与物镜配合，可在投影屏上形成平坦/清晰的实像。凡带有摄影装置的显微镜，均配有摄影目镜。

e. 测微目镜　测微目镜是为满足组织测量的需求而设置的。内装有目镜测微器，为看清目镜中标尺刻度，可借助螺旋调节装置移动目镜的位置。

测微目镜与不同放大倍数的物镜配合使用时，测微器的格值是不同的。确定格值，需要借助物镜测微器（即1mm距离被等分100格的标尺）。

普通目镜上只标有放大倍数，如7X、10X、12.5X等。补偿目镜上还标有一个K字，如K10X、K30X。

（2）光路系统

小型金相显微镜，按光程设计可分为直立式和倒立式两种类型。凡试样磨面向上、物镜向下的为直立式，而试样磨面向下、物镜向上的为倒立式。如图2-47所示。

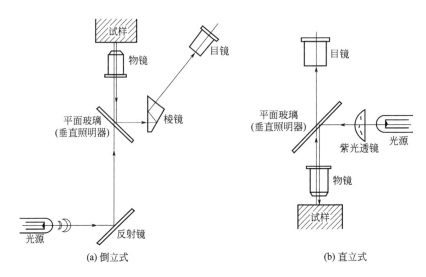

图2-47　金相显微镜光程示意图

以倒立式为例，光源发出的光，经过透镜组投射到反射镜上，反射镜将水平走向的光变成垂直走向，自下而上穿过平面玻璃物镜，投射到试样磨面上；反射进入物镜的光又自上而下照到平面玻璃上，反射后的光水平进入棱镜，通过折射，反射后进入目镜。

① 光源　金相显微镜和生物显微镜不同，必须有光源装置。作为光源的有低压钨丝灯泡、氙灯、碳弧灯和卤素灯等。目前，小型金相显微镜用得最多的是 6～8V、15～30W 的低压钨丝灯泡。为使发光点集中，钨丝制成小螺旋状。

② 光源照明方式　光源照明方式取决于光路设计，一般采用临界照明和科勒照明两种。所谓临界照明方式即光源被成像于物平面上，虽然可以得到最高的亮度，但对光源本身亮度的均匀性要求很高。而科勒照明方式即光源被成像于物镜的后焦面（大体在物镜支撑面位置），由物镜射出的是平行光，既可以使物平面得到充分照明，又减少了光源本身亮度不均匀的影响，因此目前应用较多。

③ 孔径光阑　孔径光阑位于靠近光源处，用来调节入射光束的粗细，以便改善映像质量。在进行金相观察和摄影时，孔径光阑开得过大或过小都会影响映像的质量。过大，会使球面像差增加，镜筒内反射光和炫光也增加，映像叠映了一层白光，显著降低映像衬度，组织变得模糊不清。过小，进入物镜的光束太细，减小了物镜的孔径角，使物镜的鉴别率降低，无法分清微细组织，同时还会产生光的干涉现象，导致映像出现浮雕和叠影而不清晰。因此孔径光阑张开的大小，应根据金相组织特征和物镜放大倍数随时调整达到最佳状态。

④ 滤光片　作为金相显微镜附件，常备有黄、绿、蓝色滤光片。合理选用滤光片，可以减小物镜的色像差，提高映像清晰度。因为各种物镜的像差在绿色波区均已校正过，绿色又能给人以舒适感，所以最常用的是绿色滤光片。

⑤ 视场光阑　视场光阑的作用与孔径光阑不同，其大小并不影响物镜的鉴别率，只改变视场的大小。一般应将视场光阑至全视场刚刚露出时，这样，在观察到整个视场的前提下最大限度减少镜筒内部的反射光和炫光，以提高映像质量。

⑥ 映像照明方式　金相显微镜常用的映像照明方式有两种，即明场照明和暗场照明。

明场照明方式是金相分析中最常用的。光从物镜中射出，垂直或接近垂直地投向物平面。若照到平滑区域，光线必将被反射进入物镜，形成映像中的白亮区；若照到凹凸不平区域，绝大部分光线将产生漫射而不能进入物镜，形成映像中的黑暗区。在鉴别非金属夹杂物透明度时，往往要用暗场照明方式。光源发出的光，经过透镜变成一束平行光，又通过环形遮光板，因中心部分光线被遮挡而成为管状光束。经 45°反射镜环反射后，将沿物镜周围投射到暗场罩前缘内侧反射镜上。反射光以很大的倾斜角射向物平面，如照到平滑区域，将以很大的倾斜角反射，故难以进入物镜，形成映像中的黑暗区。只有照到凹凸不平区域的光线，反射后才有可能直入物镜，形成映像中的白亮区，因此与明场照明方式映像效果相反。

（3）机械系统

机械系统主要包括载物台、粗调机构、微调机构和物镜转换器。图 2-48 给出了 4XB 倒立式金相显微镜的结构。

载物台用来支承被观察物体的工作台。大多数显微镜的载物台都能在一定范围内平移，以改变被观察的部位。

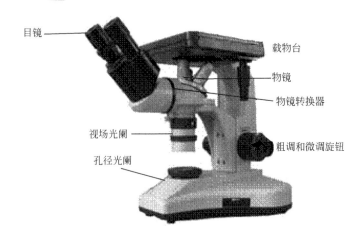

图 2-48　4XB 倒立式金相显微镜

　　粗调机构是在较大的行程范围内，用来改变物体和物镜前透镜间轴向距离的装置，一般采用齿轮齿条传动装置。

　　微调机构是在一个很小的行程范围内（约 2mm），调节物体和物镜前透镜间轴向距离的装置。一般采用微调齿轮传动装置。

　　物镜转换器是为了便于更换物镜而设置的。转换器上同时装几个物镜，可任意将所需物镜转至并固定在显微镜光轴上。

（4）使用显微镜时应注意的事项

　　① 操作者的手必须洗净干擦，并保持环境的清洁、干燥。

　　② 用低压钨丝灯光作光源时，接通电源必须通过变压器，切不可误接在 220V 电源上。

　　③ 更换物镜、目镜时要格外小心，严防失手落地。

　　④ 调节物体和物镜前透镜间轴向距离（以下简称聚集）时，必须首先弄清粗调旋钮转向与载物台升降方向的关系。初学者应该先用粗调旋钮将物镜调至尽量靠近物体，但绝不可接触。

　　⑤ 仔细观察视场内的亮度并同时用粗调旋钮缓慢将物镜向远离物体方向调节，待视场内忽然变得明亮甚至出现映像时，换用微调旋钮调至映像最清晰为止。

　　⑥ 用油系物镜时，滴油量不宜过多，用完后必须立即用二甲苯洗净、擦干。

　　⑦ 待观察的试样必须完全吹干，用氢氟酸浸蚀过的试样吹干时间要长些，因氢氟酸对镜片有严重腐蚀作用。

任务五　红外吸收法测定晶体硅硅片中碳、氧含量

 **任务目标**

　　① 掌握红外吸收法测定晶体硅硅片中氧、碳含量的原理。

　　② 掌握红外吸收法测定晶体硅硅片中氧、碳含量的检测方法。

【任务实施】

2.5.1 碳、氧含量对晶体硅的影响和作用

氧在晶体硅中，以间隙氧的形式存在。直拉单晶硅中氧的含量为 $4×10^{17}\sim3×10^{18}$ 原子/cm^3，多晶硅中氧的含量为 $10^{16}\sim10^{17}$ 原子/cm^3。氧在硅晶体中呈螺旋纹状分布，其分凝系数为 1.25，大于 1，因此熔体状态的硅比固态的含氧量要低，因此直拉法单晶中呈现头部含量高、尾部含量低的特点。

间隙氧对硅单晶结构和性能产生如下影响：

① 可以增加硅片的机械强度，避免弯曲和翘曲等变形；

② 形成热施主，会改变器件的电阻率和反向击穿电压，形成堆垛层错和漩涡缺陷；

③ 形成氧沉淀，产生位错、堆垛层错等缺陷。

碳在硅单晶中的含量约为 $10^{16}\sim10^{17}$ 原子/cm^3。硅单晶中的碳，分凝系数为 0.07，小于 1。在分凝作用下，碳在硅晶体中呈条纹状分布，头部低，尾部高。

碳对硅单晶具有如下影响：

① 碳以替位形式存在，使晶格发生畸变，使硅的生长条纹可能与碳的分布有关；

② 碳在硅单晶中成为杂质氧的成核点，促进氧的沉淀；

③ 导致晶体中堆垛层错、漩涡缺陷等的产生，降低器件的反向电压，增大漏电电流，降低器件的性能。

2.5.2 红外光谱法测定晶体硅中碳、氧含量

硅中氧和碳的红外吸收光谱，如图 2-49 所示。

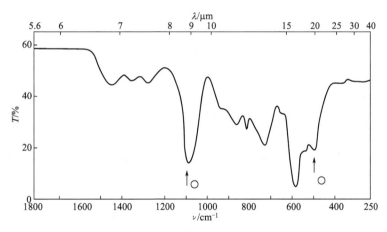

图 2-49 300K 时硅的红外吸收光谱

(1) 氧吸收峰位置

氧吸收峰位置有三处，分别为：

a. 波长为 $\lambda_1=8.3\mu m$（波数为 1205cm^{-1}），此吸收波峰主要为分子对称伸缩振动产生的，吸收峰强度很小；

b. 波长为 $\lambda_2=9\mu m$（波数为 1105cm^{-1}），此吸收波峰主要为分子反对称伸缩振动产生的，吸收峰强度最大；

c. 波长为 $\lambda_3 = 19.4\mu m$（波数为 $515cm^{-1}$），此吸收波峰主要为分子弯曲振动产生的，吸收峰强度较小。

（2）碳吸收峰位置

碳吸收峰位置有两处，主要看基频峰：

a. 波长为 $\lambda_1 = 16.47\mu m$（波数为 $607.2cm^{-1}$），此吸收波峰为基频峰，吸收峰强度较大；

b. 波长为 $\lambda_2 = 8.2\mu m$（波数为 $1217cm^{-1}$），此吸收波峰主要为倍频峰，吸收峰很小。

（3）定性分析

红外光谱可用于定性分析，获取分子结构、振动能级等相关信息。实际上，红外光谱还可用于定量分析，可以对混合物中各组分进行相对含量的测定，其基本原理就是对比吸收谱带的强度。对处于一定状态的物质和其中的各种组分，所吸收的红外光的频率是固定的，并且存在一个规律，就是吸收率与组分的浓度和光程（红外光在样品内经过的路程）成正比，这就是红外光谱进行定量分析的基本原理。对于不同频率的红外光，硅片的透过率是不同的，这是因为硅晶格和其中所含杂质种类和浓度不同（如氧和碳等），所以红外光的吸收率是不同的。因此对单晶硅材料中的氧碳含量的测试，可以采用红外光谱的定量分析来完成。

红外光谱法进行定量分析的理论基础是比尔-兰勃特定律，即当红外光源通过样品时，由于样品的共振吸收，使入射光的强度减弱，这种入射光强度的减弱与可见光的吸收本质是一样的，也可以用光吸收定律表示：

$$I = I_0 e^{-Kb} \tag{2-22}$$

$$T = I/I_0 \tag{2-23}$$

$$A = \lg(1/T) = \lg(I_0/I) = Kb = K_0 cb \tag{2-24}$$

式中，T 为样品对红外光的透过率；A 为样品的吸收率；b 为样品厚度；c 为组分的浓度；K 为待测样品的吸收系数，与待测物质的浓度成正比；K_0 为物质的吸光系数，有如下关系 $K = K_0 c$。对于不同碳、氧含量的硅片（c 不同），不同区域的红外光的吸收率是不同的。

硅晶体中处于填隙位置的氧原子与邻近的两个硅原子形成硅氧键，硅氧键的振动引起红外光三个频率的吸收，分别在 $1106cm^{-1}$、$513cm^{-1}$ 和 $1718cm^{-1}$ 处，其中最强的 $1106cm^{-1}$ 吸收峰被用来标定硅中填隙氧的浓度。各国已对红外光谱法测定硅中填隙氧浓度制订了标准。具体的标准测试方法是制备 2mm 厚双面镜面抛光的硅的标准样品，采用氧浓度极低的区熔法制备的单晶硅制作参考样品，待测材料制成一定厚度的样品，分别测定它们的红外光谱，利用两者的红外谱中氧特征峰的透过率的值、两样品厚度、标准样品中的氧含量浓度（已经定标，由其他方法测得），通过比较可直接计算出待测样品中的氧含量浓度。这就是 FTIR 定量分析法中的直接计算法。

硅中的碳也有红外吸收的特征峰，位于 $605cm^{-1}$，叫做局部模吸收。可以用同对氧一样的方法由红外光谱计算碳的含量，并且也都已建立了标准。同样地，为了提高测定的准确度，各国的标准也有所修正。硅中的氧和碳就是基于这种原理进行测定的。

（4）样品制备方法

样品厚度根据样品中杂质浓度而定。测氧的样品，若样品是用直拉法制备，则一般取 $2\sim4mm$，光伏企业一般多直接使用 2mm；区熔样品取 10mm。测碳的样品，厚度取 2mm。若使用差别法进行测试，所用的参比样品的厚度应等于被测样品的厚度，偏差在 $\pm0.5\%$ 之内。选择样品厚度的原则，是使吸收峰处的透射率为 $20\%\sim80\%$。

参比样品理论上应不含有被测杂质，一般工业要求氧、碳的含量在 10^{15} 个/cm³ 以下。

要求把样品双面抛光到镜面。两面的平等度应在 $5'$ 以内，平面度应在 $1/4\lambda$ 之内，其中 λ 为吸收峰处的波长。在光照面积 $\varphi=7\text{mm}$ 的范围内，两个面的平整度均应为 $2.2\mu\text{m}$ 以内。

（5）根据记录曲线吸收峰求吸收系数 α_{max} 与半峰宽 $\Delta\upsilon$

实际测量中可以根据简单公式来计算吸收系数 α_{max}，其误差小于 10%，表达式为：

$$\alpha_{max}=\frac{1}{d}\ln\frac{I_0}{I}$$

式中，I 为从吸收峰到零透射线的测量值（图 2-50）；I_0 为从氧峰所对应的波数值横坐标的垂线与基线的交点到零透射线的测量值。

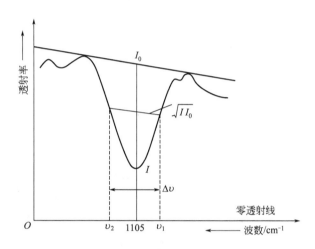

图 2-50　氧在 300K 下的 1105cm⁻¹ 吸收峰

半峰宽 $\Delta\nu$ 的定义是在吸收系数与波数关系曲线上，取 $1/2\alpha_{max}$ 为半峰高，在半峰高处吸收峰的宽度波数值。对于一定氧、碳含量的样品，吸收峰的面积是不变的。实际上的做法是在透射光谱图吸收峰值对应的纵坐标上求出一点，由这一点和 I_0 值计算出的吸收系数 α 为 α_{max} 的一半。从这一点作一条与基线相平行的线，它与谱线两侧交点之间所包含的波数宽度就是半峰宽，图 2-50 中的 $\nu_2-\nu_1$ 就是半峰宽 $\Delta\nu$。

（6）样品中氧、碳含量的计算公式

一般分析氧、碳含量都采用双光束红外分光光度计。用这种仪器进行分析时，其中一束光束放置待测样品，另一束光束根据是否放置样品可分为以下两种测试方法。

① 空气参考法：参考光束上不放置样品。

② 差别法：参考光束上放置相同厚度的参比样品，要求参比样品中不含有待测元素。

根据上述两种测试方法应用两种经验公式。

① 氧含量测试经验公式

a. 室温（300K）公式　对于双光束差别法测量，在获得半峰宽为 32cm^{-1} 情况下，氧含量为：

$$[O]=2.45\times10^{17}\alpha_{max}（原子·\text{cm}^{-3}） \tag{2-25}$$

对于空气参考法测量，采用基线法计算，并对测得的吸收系数扣除硅的晶格系数 0.4，即：

$$[O]=2.45\times10^{17}(\alpha_{max}-0.4)（原子·\text{cm}^{-3}） \tag{2-26}$$

b. 77K 公式　注意在 77K 的低温下测量时，振动为 1127.6cm^{-1}（波长为 8.8684μm）。用差别法测量时：

$$[O]=0.95\times10^{17}\alpha_{max}（原子\cdot cm^{-3}）\tag{2-27}$$

用空气参考法测试时，需扣除硅的晶格吸收系数 0.2，即：

$$[O]=0.95\times10^{17}(\alpha_{max}-0.2)（原子\cdot cm^{-3}）\tag{2-28}$$

② 碳含量计算经验公式　与氧不同，在测定硅中碳含量时，由于背景光谱的干扰，必须使用差别法进行测试。

室温 300K 时，用双光束差别法测量，在半峰宽为 6cm^{-1} 的情况下，硅中碳含量与波数 607.2cm^{-1} 处的吸收系数：

$$[C]=1.0\times10^{17}\alpha_{max}（原子\cdot cm^{-3}）\tag{2-29}$$

在 77K 低温下，用双光束差别法测量，在半峰宽为 3cm^{-1} 的情况下，硅中碳含量与吸收系数的关系为：

$$[C]=4.5\times10^{16}\alpha_{max}（原子\cdot cm^{-3}）\tag{2-30}$$

2.5.3　WQF-520 型 FTIR 硅中氧、碳含量测试仪的使用方法

傅里叶变换红外光谱仪——碳氧含量测试仪如图 2-51 所示。

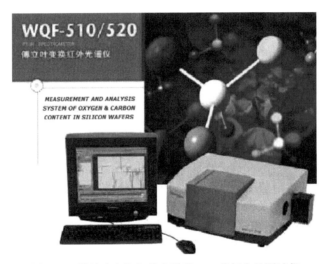

图 2-51　傅里叶变换红外光谱仪——碳氧含量测试仪

(1) 仪器的规格与性能

① 波数范围 7000～400cm^{-1}。

② 分辨率 1.0cm^{-1}。

③ 波数准确度优于所设分辨率的 1/2。

④ 透过率重复性 0.5%T。

(2) 测量条件

① 样品

a. 试样　经双面研磨/单面抛光/双面抛光（机械/化学抛光）硅晶片均可。一般测量时，试样需用金刚砂 303♯ 粗磨、304♯ 或 305♯ 细磨，以致双面平行，表面无划痕，并且试样在 1300～900cm^{-1} 范围内基线透过率不低于 20%。

要求试样在室温下电阻率＞0.1Ω·cm，试样的厚度范围为2.00～3.00mm。

b. 参样 参样的厚度约为2.00mm，双面抛光呈镜面，并且参样中的氧、碳含量均小于1×10^{16} cm^{-3}。

② 测量精密度及检测下限

a. 在常温下测碳含量精密度为±20%，检测下限为1.0×10^{16} cm^{-3}。对于低碳含量样品，多个实验室测量碳含量精密度，按照"硅中代位碳含量的红外吸收测量方法"国家标准（GB/T 1558—1997）为：

$$SSD=0.134N_C+0.6\times10^{16}$$

式中 SSD——试样的标准偏差，cm^{-3}；

N_C——碳含量，cm^{-3}。

b. 在常温下测氧含量分两种情况：

- CZ-Si（直拉硅）中氧含量精密度为±10%；
- FZ-Si（区熔硅）中氧含量精密度为±20%，检测下限为1×10^{16} cm^{-3}。

符合"硅晶体中间隙氧含量的红外吸收测量方法"国家标准（GB/T 1557—89）的要求。

(3) 测量系统软件的功能介绍

① 主界面 进入Win窗口，点中窗口中的快捷方式"硅中氧-碳含量测量分析系统（Launch measureoc.exe）"图标，双击鼠标左键，启动自动测量系统，进入主界面（图2-52）。

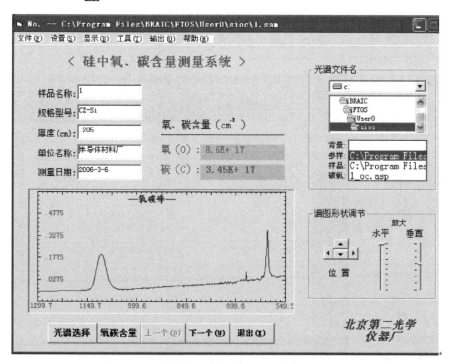

图2-52 硅中氧-碳含量测量分析系统

② 主菜单 共有6个菜单项供选择

"新建"项：开始新的样品测量，准备建立样品信息文件。在打开样品信息对话窗口中，要求输入测试样品的名称、规格型号、厚度和测试单位名称等信息。

硅中氧含量：该窗口显示出硅样品中氧含量测量结果，单位为cm^{-3}。

硅中碳含量：该窗口显示出硅样品中碳含量测量结果，单位为 cm^{-3}。

谱线显示区域：该窗口显示出当前测量样品（参样、试样）的光谱曲线，开机缺省状态下显示氧、碳吸收光谱。

命令按钮说明如下。

- 谱图形状调节钮　用于调节谱线显示窗口中显示谱图的大小。
- 光谱选择按钮　用于选择当前所测的各参样光谱文件和样品光谱文件，进行一系列的数据转换和处理工作，以创建相应的参样数据文件和样品数据文件。
- 氧碳含量按钮　用于选择当前所用的参样数据文件和样品数据文件，完成氧、碳含量测量并能存储当前样品信息文件（*.sam）。
- 上一个按钮　在进行多个样品测量时，该按钮用于向前翻回到上一个已测量的样品测量。
- 下一个按钮　在进行多个样品测量时，该按钮用于向后翻或开始下一个样品测量。
- 退出按钮　结束程序运行，退出该测量系统，回到 Win 窗口。

(4) 采集仪器本底操作步骤

首先打开 WQF-520 仪器，依次采集仪器本底（背景）、参考样品（参样）吸光度和测试样品（试样）吸光度光谱，然后再进入"硅中氧、碳含量测量分析系统"进行一系列的数据处理并报告氧、碳含量测量结果。

① 开机　按照 WQF-520 FTIR 操作软件（Main FTOS）基本操作说明，打开 WQF-520 主机；打开计算机，进入 Win 界面；双击桌面图标，程序进入 Main FTOS 光谱处理系统主界面（图 2-53）。

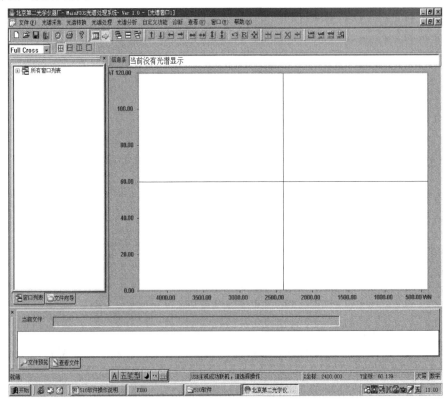

图 2-53　Main FTOS 光谱处理系统主界面

② 设置采集样品光谱文件路径 用鼠标点击"自定义功能"下拉菜单中的"指定文件位置"项，设置采集样品光谱文件路径。例如：想要把待测样品光谱文件保存在文件夹 User0 中，其路径可设置为 C：\ Program Files \ BRAIC \ FTOS \ User0。

③ 设置光谱仪运行参数 点击"光谱采集"下拉菜单中的"设置仪器运行参数（AQPARM）"项，屏幕出现"光谱仪参数设置"窗口，如图 2-54 所示。

图 2-54 光谱仪参数设置界面

④ 光谱采集

a. 采集仪器本底（背景） 放置空样品架，点击"采集仪器本底（AQBK）"，对仪器当前的状态进行测量，以便与样品光谱相比。在测量样品前必须保证仪器状态稳定。屏幕如图 2-55 所示。

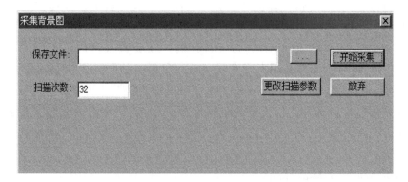

图 2-55 采集背景界面

"扫描次数"默认为 32 次，保存文件默认为 0 文件。点击"开始采集"后 1min 左右，屏幕即出现本底（背景）光谱图，此时在信息条中显示文件名、分辨率、扫描次数等内容，扫描直到 32 次结束，生成本底（背景）光谱文件。

b. 采集参样吸光度光谱　放置参样，点击"采集吸光度光谱（AQSA）"，采集并累加指定扫描次数的参样吸光度光谱，屏幕如图 2-56 所示。

图 2-56　采集样品光谱图

在"保存文件"后面输入参样文件名，例如输入"Ref"，点"开始采集"后，半分钟左右屏幕即出现参样吸光度光谱图，扫描直到 32 次结束，生成参样光谱文件，例如 Ref.asf。

c. 采集试样吸光度光谱　放置试样，点击"采集吸光度光谱（AQSA）"，采集并累加指定扫描次数的试样吸光度光谱。屏幕显示如图 2-56 所示。

在"保存文件"后面输入对应试样文件名，例如输入"E01"以备在后面的硅中氧、碳含量测量分析软件中调用此文件。点"开始采集"后，半分钟左右屏幕即出现试样吸光度光谱图，扫描直到 32 次结束，生成试样光谱文件，例如 E01.asf。

如果只测量单个样品，在上述"光谱采集"中依次扫描"背景"→"参样"→"试样"。

如果测量多个试样，对第一个试样要在上述"光谱采集"中依次扫描"背景"→"参样"→"试样"；而对第二个试样及其以后的试样无需再扫描"背景"及"参样"吸光度光谱，而是只对各试样依次进行逐个扫描，分别输入各自的试样文件名，生成各自对应的试样光谱文件（＊.asf）。

（5）硅中氧、碳含量测量分析操作步骤

检查温湿度计，观察环境是否符合要求：温度为 16～25℃，相对湿度为 20％～50％。

检查湿度指示卡是否为淡蓝色，否则应立即更换干燥剂（干燥剂应用 110℃烘烤至少 3h，冷却后才可以使用）。确认仪器的开关处于关闭挡，连接好电源线和 USB 线。将样品仓内的干燥剂和防尘罩取出。

① 首先将仪器通电预热 20min，再打开计算机，进入 Win 窗口。

② 将事先制好的硅标准样品用夹具夹好，放入仪器内的固定支架上，准备进行测定。

③ 点击桌面图标 ，进入"Main FTOS 光谱处理系统"主界面，设置采集样品光谱文件路径，设置光谱仪运行参数，依次采集仪器本底（背景），采集参样吸光度光谱和采集各试样吸光度光谱，获得参样吸光度光谱文件（例如 Ref.asf）和全部待测试样吸光度光谱文件（＊.asf）。

④ 测定完成后取出硅标准样品。

⑤ 重复上述步骤测试其他硅样品，计算出待测硅样品中的碳氧含量并详细记录，完成实验报告。

⑥ 测试完成后，按照操作规程关闭仪器、电脑，关好水、电、门、窗。

复习与思考题

2-1 用冷热探针法测量 P 型半导体时，为什么冷端带正电，热端带负电？

2-2 直流四探针法测量电阻率的基本原理是什么？

2-3 如何制备少子寿命测试的样品？

2-4 位错的面密度是如何计算的？

2-5 简述金相显微镜的放大原理。

2-6 立方晶系的晶面指数是如何确定的？

2-7 晶向偏离角是如何计算的？

2-8 红外光谱吸收法测晶体硅中氧碳含量原理是什么？

2-9 双光束法与差别法的区别是什么？在氧碳含量中可以互换吗？

太阳电池检测技术

任务一　晶体硅太阳电池检测技术分析

任务目标

① 了解制造太阳电池的材料。

② 了解晶体硅太阳电池标准制造工艺。

③ 了解晶体硅太阳电池测试要求。

【任务实施】

3.1.1　太阳电池检测技术简介

太阳电池检测技术是测量太阳电池制造工艺的性能以确保达到质量规范标准的一种必要的方法。为了完成这种测量，需要样片、测量设备和分析数据的方法。传统上，大部分在线数据已经在样片上收集，样片是空白的硅片，包含在工艺流程中，专为表征工艺的特性。经过适当的处理，例如表面剥离和清洗，可以将这些空白硅片回收重复使用。

对样片性能的精确评估必须贯穿于制造工艺，以验证产品满足规范要求。要达到这一点，在样片制造的每一工艺步骤都有严格的质量测量。为使样片通过电学测试并满足使用中的可靠性规范，质量测量定义了每一步需要的要求。质量测量要求在测试样片或生产样片上大量收集数据以说明样片生产的工艺已满足要求。

为了维持良好的工艺生产能力并提高太阳电池产品的特性，制造厂家提高了对工艺参数的控制，并减少了在制造中缺陷的来源。这些改善可以从某些方面着手，使整个工厂的工艺更加稳定，例如设备自动化、机器手控制、减少沾污以避免等待太久。如果没有检测样片以及评估工艺参数的能力，其他方面的改善是不可能的。使用高精度的设备进行评估，该设备能提供关于样片制造性能的实时数据，并为工程师和技术人员确定工艺流程提供关键信息。

在太阳电池制造中，用于检测的测量设备有不同的类型。区分这些设备最主要的方法是看这些设备怎样运作，是与工艺分离的独立测试工具还是与工艺设备集成在一起的测量设备。表 3-1 列出了测量设备的两种主要分类。独立的测试工具进行测试时，不依附于工艺。集成的测量设备具有传感器，这些传感器允许测试工具作为工艺的一部分起作用并发送实时数据。本模块主要介绍晶体硅太阳电池的检测技术。

表 3-1　测试工具分类

使　用　场　合		备注
独立使用的仪器	在工厂外使用(使用频率不高,设备较为昂贵)	不在生产线
	在工厂内可用(使用频率较高,未集成在工艺设备中,测试用于监控的样片)	在生产线内
	在生产中使用(使用频率高,集成在工艺设备中)	在生产线上
综合的仪器	能够在工艺车间测试样片,但不能在工艺过程中测试	生产时
	在工艺过程中测试(实时测试)	原位

3.1.2　用于制造太阳电池的材料

许多半导体材料可用于制造太阳电池。例如Ⅳ族单质 Si、Ge，Ⅱ-Ⅳ族化合物 CdS、CdTe，Ⅲ-Ⅴ族化合物 GaAs、InP，三元化合物 $CuInSe_2$，以及其他材料例如染料敏化有机太阳电池等。其中最常见的太阳电池材料是单质硅材料，超过 90% 的商用太阳电池是采用硅材料制作的，这是由于半导体工业的发展使得单晶硅、多晶硅、非晶硅材料成为最容易获得的可用于制造大面积 pn 结的太阳电池材料。在硅系太阳电池中，最常见的电池结构是以硅片为基体的体硅电池，即以 p 型硅片为衬底，通过高温过程使得 P 元素掺杂进入衬底表面并形成 n 型层，在 p 型层和 n 型层交界处形成 pn 结。n 型层称为电池的发射区，p 型层称为电池的基区，n 型层产生富余电子，p 型层产生富余空穴。由于扩散运动，电子从发射区扩散进入基区，空穴从基区扩散进入发射区，由此在 pn 结附近的发射区一侧形成了正电势，在 pn 结附近的基区一侧形成了负电势，最终形成了一个内建电场。存在内建电场的这个区域叫做空间电荷区。空间电荷区吸收了光子之后产生电子空穴对，由于内建电场的作用立即将电子空穴对分离，并驱动电子向发射区移动，空穴向基区移动。这时，若将外部负载连接到太阳电池上，就会产生电流，在持续不断的光照下，太阳电池可以给外部负载提供电能。图 3-1 所示为晶体硅太阳电池发电的原理图。

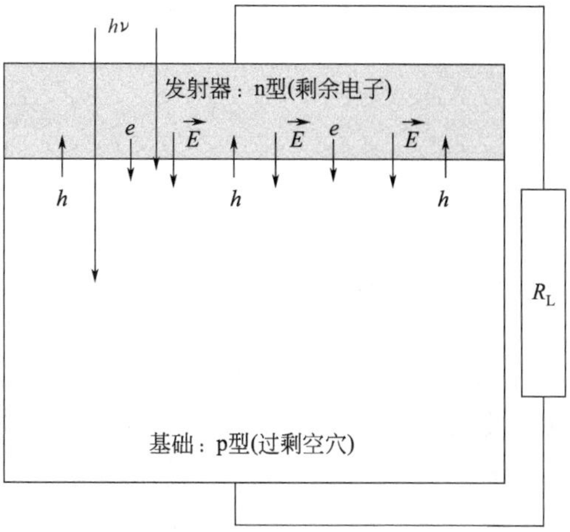

晶体硅太阳电池工业化生产需要满足以下要素：

- 充分的自动化；
- 尽量少的操作人员；
- 大面积衬底；
- 自动化的电池性能测试和分选；
- 工艺过程低成本；
- 高产出（2000～3000 片/h）；
- 高成品率（不低于 99%）；
- 高电池效率（多晶硅电池平均转换效率

17.2% 以上，单晶硅电池平均转换效率 18.3% 以上）。

图 3-1　晶体硅太阳电池发电原理图

3.1.3　晶体硅太阳电池标准化制造工艺

　　目前绝大多数晶体硅太阳电池生产线采用的电池结构都是比较简单的，主要由 p 型衬底材料（单晶或多晶硅片）、表面扩散形成 n 型发射区、减反射层（通常采用 SiN_x 薄膜）、背面场（通常采用铝浆制作）、背面电极和正面电极（通常采用银浆制作）组成。电池的光电转换效率依赖于衬底材料的质量，通常范围在 $17.2\%\sim18.3\%$。图 3-2 所示为典型的工业化晶体硅太阳电池产品的结构图。

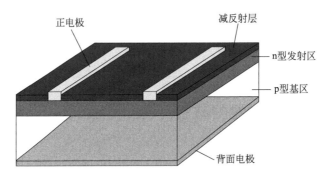

图 3-2　典型晶体硅太阳电池产品的结构

　　晶体硅太阳电池标准化制造工艺流程如图 3-3 所示。晶体硅太阳电池的工艺方式可分为两类，一类是批处理方式，另一类是在线方式。

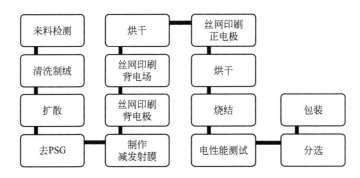

图 3-3　晶体硅太阳电池标准化制造工艺流程

　　批处理方式指的是将多个硅片衬底放在同一反应室内实施工艺步骤，例如将 500 片清洗制绒后的硅片放在扩散炉石英管内进行扩散工艺。批处理方式具有工艺过程污染小的优点，其关键部件例如反应炉管、硅片支架、夹具等都可以采用石英材料制作。批处理方式需要较多的硅片移动步骤，要将硅片逐片摆放在石英舟上，工艺完成后再逐片取下。由于硅片厚度随着技术发展越来越薄，在取放硅片的过程中将增加破碎的风险。到目前为止，大部分现代化太阳电池生产线（图 3-4）仍然采取批处理方式，市场上也有设备供应商提供完整的"交钥匙"项目，确保客户生产的产品达到一定的合格率和转换效率。

　　在线方式主要用于大面积玻璃上的薄膜电池工艺。将少量硅片放入反应区域内实施工艺步骤，硅片是连续进入反应区域内的。这种方式的优点是手动操作的步骤很少，硅片呈水平状态在传送带或者链条上连续传送。在线方式的主要问题是传送带或者链条会引入金属杂质污染，在高温过程中金属杂质进入硅片体内，降低材料质量，最终导致电池电性能下降。图 3-5 所示为在线方式的扩散工艺。

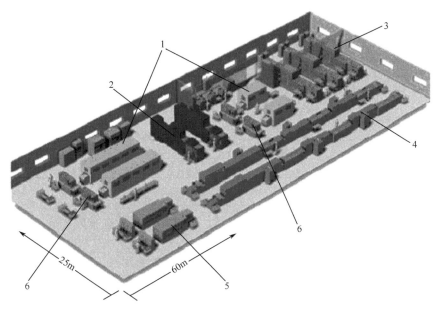

图 3-4 采用批处理方式的晶体硅太阳电池生产车间

1—清洗制绒、去 PSG；2—扩散；3—减反射膜；4—丝网印刷；5—测试分选；6—自动上下片

图 3-5 在线方式的扩散工艺

在整个太阳电池制造工艺中有许多测量要求。表 3-2 展示了标准晶体硅太阳电池制造过程中主要的质量测量，包括每一步进行测量的工艺部分。

表 3-2 晶体硅太阳电池测量要求

测量项目	来料	清洗制绒	扩散	去 PSG	制作减反射膜	电极印刷	烧结	电性能
尺寸	√							
减薄量		√						
反射率		√			√			
膜厚					√			
方块电阻	√		√	√				
膜应力					√			

续表

测量项目	来料	清洗制绒	扩散	去 PSG	制作减反射膜	电极印刷	烧结	电性能
折射率					√			
掺杂浓度			√					
无图形表面缺陷	√	√	√	√	√			
有图形表面缺陷						√	√	
栅线高宽比							√	
I-V 特性								√

通过本章的学习，要了解：

① 解释为什么进行电池制造过程中的测量，并讨论与测量有关的问题，包括设备、成品率和数据采集；

② 辨别电池制造中不同的质量测量，并阐明每一种测量用在工艺流程的什么地方；

③ 描述与不同质量测量相关的测量学方法和设备；

④ 列出并讨论用于支持晶体硅太阳电池制造的主要分析仪器。

任务二   太阳电池外观检测

任务目标

① 了解太阳电池产品外观检测工具。

② 掌握太阳电池外观检测方法。

③ 掌握太阳电池外观检验判断规则。

【任务实施】

3.2.1   典型太阳电池产品

典型的多晶硅太阳电池产品如图 3-6 所示。

多晶硅太阳电池片性能质量的表面分布情况如图 3-7 所示。

3.2.2   太阳电池外观检验

① 外观检验使用的工具   游标卡尺、电池片分选仪、厚度测试仪、稳压电源、放大镜、橡皮、塞尺等。

② 外观检验方法   在较好的自然光或散射光照条件下，用肉眼进行正面检查。太阳电池生产的熟练工人简单观察样片表面的情况，就能预判样片是否符合检测标准。

③ 尺寸检验方法   边长和对角线检测使用游标卡尺进行，厚度检测需要使用厚度仪进行测试。

④ 弯曲度检验方法   将电池片放置在水平桌面上，用塞尺测量弓形最高点的高度作为弯曲度。

图 3-6 典型的多晶硅太阳电池产品

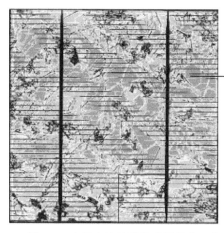

此色表示性能良好

图 3-7 太阳电池片性能质量的表面分布情况

⑤ 外观检验判定规则实例如表 3-3 和图 3-8 所示。

表 3-3 外观检验判定规则

序号	检验项目	A 级品	B 级品	C 级品
1	色斑/色差	无绒面色斑; 无色差; 无氧化	色差不均匀面积不大于总面积的 1/2,主栅线氧化长度≤10mm,边缘栅线氧化每边少于 6 根	色差且面积大于总面积的 1/2 以上,边缘栅线氧化每边多于 6 根
2	断线/缺失	主栅线:无断开或缺失; 副栅线:缺失长度≤1mm,不多于 3 处,且不存在纵向或同一栅线一串断栅存在; 背电极:断开或缺失长度≤1mm	主栅线:无断开或缺失; 副栅线:1mm<单点断线长度≤3mm,不多于 3 处; 背电极:可焊背电极面积≥总背电极面积的 90%	主栅线:有断开或缺失; 副栅线:单点断线累计长度>15mm; 背电极:可焊背电极面积≥总背电极面积的 50%
3	背面铝浆	印刷:无缺失 锉痕:(1)点状锉痕最大直径≤0.5mm,不多于 2 处;(2)线状划痕<2cm,且不多于 2 处	印刷:缺失面积≤总面积 2%; 锉痕:(1)点状锉痕最大直径>0.5mm,多于 2 处;(2)线状划痕>2cm,多于 2 处	印刷:缺失面积>总面积的 2%
4	铝球铝包	无气泡及点状异常,无尖状凸起	气泡及点状异常高度≤0.2mm,总面积≤5mm²	气泡及点状异常高度≤0.5mm,总面积≤5mm²
5	手指印	无	轻微,面积≤5mm²	面积>5mm²
6	印刷污染/其他污染面积	面积≤2mm²,不多于 2 处,对比度不明显	面积≤5mm²,不多于 2 处,对比度不明显	电池污染总面积≤电池总面积 1%
7	印刷不良	无网带印;正面漏浆≤0.5mm²,不多于 2 处;印刷偏移≤0.5mm	无网带印;正面漏浆≤2mm²,不多于 2 处;印刷偏移≤0.5mm	有明显网带印,正面漏浆>2mm²;印刷偏移>0.5mm
8	划伤	无;或轻微,长≤2mm,宽≤0.05mm	长≤3mm,宽≤0.05mm	长>3mm,宽>0.05mm
9	崩边崩点	纵深<0.5mm,长度≤1mm,最多允许 2 处; 无穿孔	0.5mm 纵深≤2mm,单点长度≤2mm,不多于 5 处	纵深>2mm,单点长度>2mm
10	缺口缺角	无 V 形缺口或缺角;纵深≤0.5mm,单点长度≤0.5mm,最多允许 2 处	无 V 形缺口或缺角;0.5mm<纵深≤1mm,单点长度≤1mm,最多允许 3 处	有 V 形缺口;或非 V 形缺口纵深>1mm,单点长度>1mm
11	弯曲度	125mm×125mm 电池片,弯曲、变形高度<1.5mm;156mm×156mm 电池片,弯曲、变形高度<2mm		

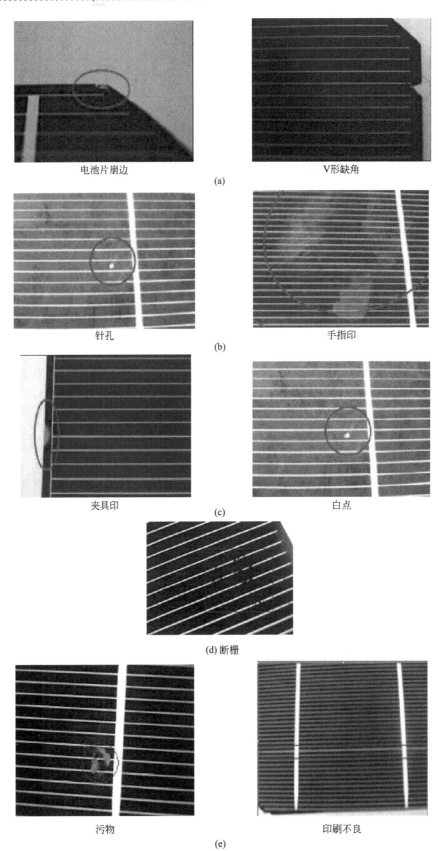

电池片崩边

V形缺角

(a)

针孔

手指印

(b)

夹具印

白点

(c)

(d) 断栅

污物

印刷不良

(e)

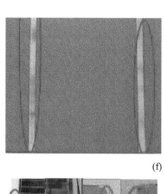

(f) 电池片氧化

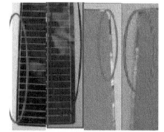

印刷偏移

铝浆脱落

(g)

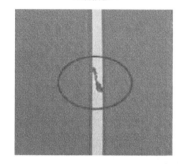

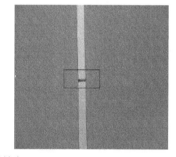

(h) 主栅线缺失

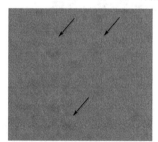

背点场鼓包

背点极变色

(i)

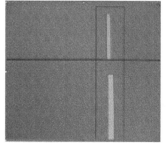

背面主栅线印刷不良

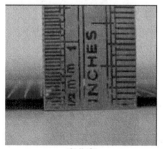

弯曲度

(j)

图 3-8　外观检验判定实例

尺寸检验标准实例如表 3-4 所示。

表 3-4　尺寸检验标准

电池类型	边长/mm	对角/mm	同一批次厚度偏差/μm
单晶电池	125.0±0.5	150.0±1.0	标称厚度±20
	125.0±0.5	165.0±1.0	标称厚度±20
	156.0±0.5	200.0±1.0	标称厚度±20
多晶电池	125.0±0.5	175.4±1.0	标称厚度±20
	156.0±0.5	219.2±1.0	标称厚度±20

3.2.3　质检员工作职责

质检员对原材料进行检验时，须按照《检验作业指导书》中的抽样标准进行抽样，按照检验项目以及要求进行检验和判定，并将检查结果记录在《电池片进厂检验记录表》中，合格的允许入库，不合格的按不合格品相关管理制度执行。品质部技术人员完成数据分析并填写《电池片抽检报告》。

保证检验全面、准确，确保检验后的太阳电池片满足客户对产品的质量要求。技术部门负责样片检测标准的制定，生产车间按照标准执行，质量部负责按照标准对过程进行检验、监督。

标准及检验项目优先按照采购合同中指定的质量标准进行检验，如合同中没有明确规定，则参照样片检测要求。

任务三　太阳电池电学参数测量

任务目标

① 了解 Corescan 法原理及对接触电阻、开路电压与短路电流的扫描测试。
② 了解太阳电池分选机的原理，掌握太阳电池分选机的测试及测试标准。
③ 了解太阳电池光致发光检测的原理，掌握光致发光检测的方法。
④ 了解椭偏仪的原理及使用方法。
⑤ 了解分光光度计的原理及测试方法。

【任务实施】

3.3.1　Corescan 法对接触电阻、开路电压与短路电流的扫描测试

(1) Corescan 法的原理及应用

目前主流晶体硅太阳电池产品的尺寸规格为 125mm×125mm 和 156mm×156mm，要获得高性能的太阳电池产品，需要大面积 pn 结具有良好的表面均匀性。Corescan 测试仪能

够扫描测试太阳电池接触电阻分布、并联电阻分布、开路电压分布、光生电流密度分布等情况，是对大面积太阳电池进行整片分析的有效工具。其测试原理如图 3-9 所示，其中 R_{cl} 称为接触电阻。

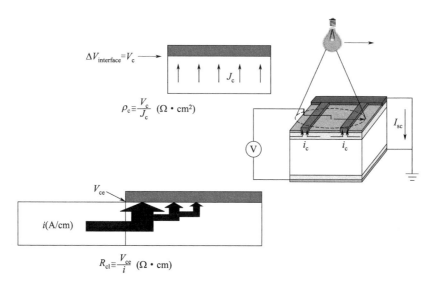

$$\Delta V_{interface}=V_c$$

$$\rho_c \equiv \frac{V_c}{J_c} \ (\Omega \cdot cm^2)$$

$$R_{cl} \equiv \frac{V_{ce}}{i} \ (\Omega \cdot cm)$$

图 3-9　Corescan 法原理

图 3-10 为典型的接触电阻测试信号图。

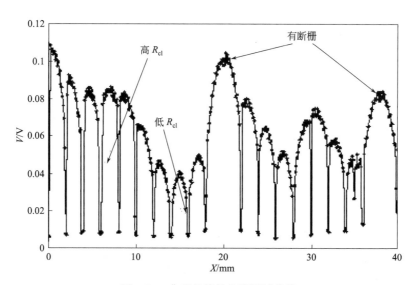

图 3-10　典型的接触电阻测试信号

测试接触电阻分布，通过测试结果可对电极浆料、丝网印刷工艺、烧结工艺等做出分析，发现电池片可能存在的去边不良、微裂痕、金属杂质污染、烧结不足或过度等问题，进而做出改善。

测试开路电压分布，通过测试结果可以分析材料内部电子、空穴复合情况，进而改善扩散工艺。

测试光生电流密度分布，通过测试结果可以分析电池表面各处少子寿命的情况，进而改善退火及钝化工艺（表 3-5）。

表 3-5　Corescan 测试及对应的分析内容

岩芯扫描	分流扫描	开路电压扫描	光束诱导电流扫描
R_s串联电阻	R_{sh}并联电阻	V_{oc}开路电压	J_{sc}短路电流
有光源	无光源	有光源	有光源
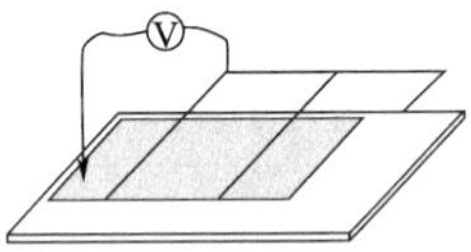	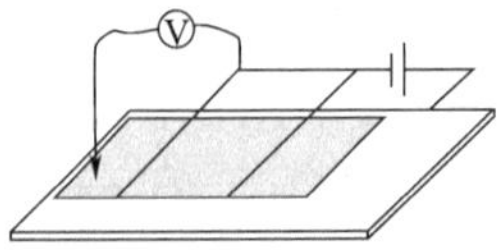	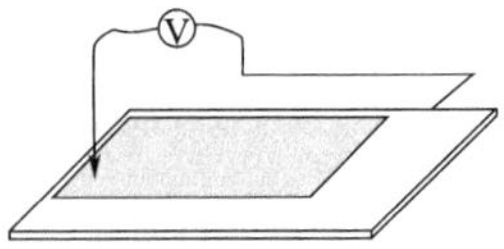	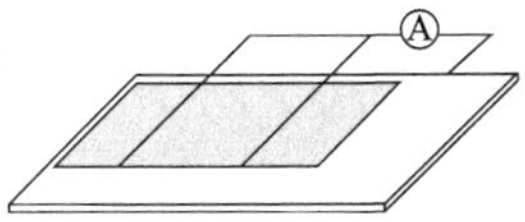
一般参数范围			
<15mV $J=30\text{mA}/\text{cm}^2$	<10mV $V=300\text{mV}$	变化<10mV	变化<3%
电池片分析			
丝网印刷工艺问题； 烧结不足或过度； 发射极不均匀； 磷硅玻璃残留	正面电极铝浆污染； 去边不良； 烧结过度； SiC 沉淀	背面场不均匀； 发射极不均匀； 硅衬底材料不均匀	硅衬底材料不均匀； 退火不良； 体钝化不良

图 3-11 以实例说明 Corescan 测试的结果和判断方法。

（2）Corescan 电池扫描分析仪

仪器（图 3-12）包含测试腔、测试探针和计算机单元。

基本操作方法如下。

① 打开电源，将机身左侧后部的电源开关拨至"I"位置。

② 点击电脑桌面上的"Corescan"图标，输入密码，进入软件操作界面。

③ 点 Scan type ，设置 Scan type，需设置 X、Y 对角线，X1、X2、Y1、Y2 设置是表示需要扫描的区域，测试整个电池片 X1、X2、Y1、Y2 为 0。

④ 对测试项进行选择，其中包含四部分（Core scan、Shunt scan、Voc scan、LBIC scan）。

⑤ 对测试间距可以选择，一般选择 2.0mm。如果需要测试更细密，则选择 0.5mm、1mm。

⑥ 探针校正。在"Control Panel"窗口下单击"Probe adjustment"。如果太短，顺时针旋转探针旁边的旋钮，太长则反之。

注意：扫描"LBIC Scan"，不需要进行探针校正。

在扫描时需观察电池正面电极主栅线是两根还是三根而选择压条。

⑦ 将待扫描的电池片放置好，将压条对准主栅线，按下"VACUUM（真空）"的蓝色按钮，启动真空泵。

注意：扫描"Voc Scan"，须将压条取下。

⑧ 合上盖子，点击"start test run"，测试是否可以运行。

⑨ 进入"MEASUREMENT"，点击"Start XXXX Scan"进行扫描。

说明：在扫描之前系统会提示保存数据，需要数据须保存。

注意：做过接触式扫描（除 LBIC Scan 外的扫描）的电池片表面会有清晰的划痕，所以不能做重复性的扫描。

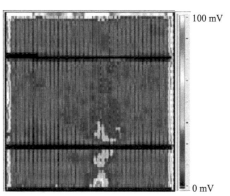

(a) 接触电阻均匀分布的Corescan测试图　　　(b) 去边不良及部分区域接触电阻不均匀的Corescan测试图

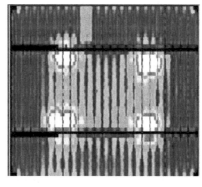

(c) 扩散使用的夹具导致扩散浓度不均匀，　　　(d) 烧结炉中使用的支点引起硅片表面温度降低，
　　引起接触电阻分布不均匀　　　　　　　　　　　产生烧结不良，引起接触电阻升高

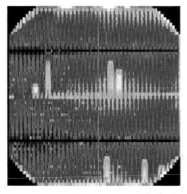

(e) 断栅引起的接触电阻变化

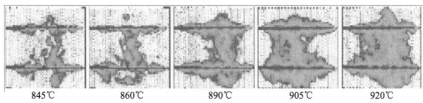

845℃　　　860℃　　　890℃　　　905℃　　　920℃

(f) 不同烧结温度下接触电阻的变化情况

图 3-11　测试的结果和判断方法

图 3-12　Corescan 测试仪外观

3.3.2　太阳电池分选机

(1) 太阳电池分选机的原理

太阳电池分选机（图 3-13）是将电子负载和光伏电池及分选形成一个完整回路，在计算机及软件的控制下，根据测试的需要，动态地与光伏电池连接或断开，以便准确地测试光伏电池的开路电压、短路电流，并描绘整个过程，测试最佳工作点功率及工作点电压和电流。

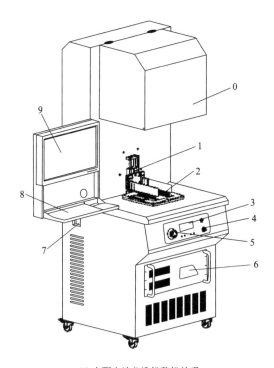

(a) 太阳电池分选机整机外观

0—氙灯灯罩；1—气缸组件；2—测试平台；3—液晶屏；4—钥匙开关；
5—急停开关；6—工控机；7—空气开关；8—键盘；9—PC 机显示屏

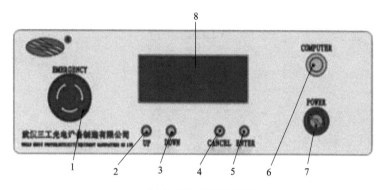

(b) 太阳电池分选机操作面板

1—急停开关；2—上调整键；3—下调整键；4—取消/换页键
5—确定/功能键；6—电脑开关＊；7—钥匙开关；8—液晶屏

(c) 电池片测试工作台

1—标准电池片；2—气动装置；3—探针；4—限位装置；
5—探针板；6—电压探针；7—红外测温探头；8—镀金板

图 3-13

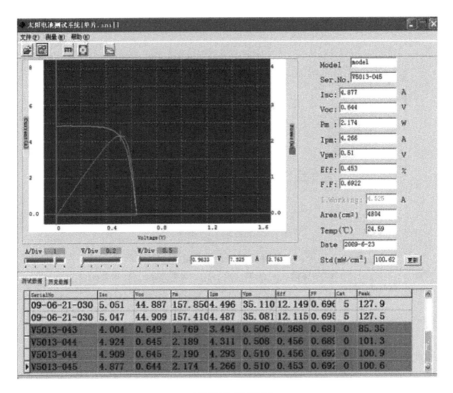

(d) 测试结果显示界面

图 3-13 太阳电池分选机

电池片分选机在标准测试条件下进行检测：光强 $1000W/m^2$，温度 25℃，光谱 AM 1.5。被抽测试样的平均功率需要在该效率标定电功率偏差 ±3% 以内，不允许超过偏差范围。

(2) 太阳电池分选标准实例及分选机操作方法

① 功率（转换效率）分挡等级 电池片按功率（转换效率）及其他电性能参数分为电性能良和电性能不良。

• 电性能良（125 单晶）

电性能良的电池按功率（转换效率）分为 12 个挡次等级。

a. 对功率≥2.63W 的太阳电池，分为 7 挡，每挡的标称功率值为该挡的功率范围中间值或下限值。示例：对于标称功率为 2.67W 电池片，其功率范围为 2.65～2.69W；标称功率为 2.71W 的电池片，2.73W≥功率范围≥2.69W，两挡之间的间隔为 0.04W。

b. 对 2.33W≤功率<2.63W 的太阳电池片，分为 3 挡，两挡之间为 0.10W 的间隔。每挡的标称功率值为该当功率范围中间值。示例：对于标称功率为 2.35W 的太阳电池，其功率范围为 2.30～2.40W。

c. 对 1.53W≤功率<2.33W 的太阳电池片，分为 2 挡，两挡之间为 0.4W 的间隔。每挡的标称功率值为该当功率范围中间值。示例：对于标称功率为 1.87W 的太阳电池，其功率范围为 1.77～2.17W。

等级划分实例参照表 3-6。

表 3-6　单晶 125（Dia165）电池片功率（转换效率）分挡等级

功率（转换效率）分挡等级	$E_{ff}/\%$	P_m/W	V_{ap}/V	I_{ap}/A	V_{oc}/V	I_{sc}/A
A1	18.50	2.86	0.520	5.508	0.63	5.85
A2	18.25	2.83	0.520	5.434	0.63	5.77
A3	18.00	2.79	0.520	5.360	0.63	5.69
A4	17.75	2.75	0.520	5.285	0.62	5.61
A5	17.50	2.71	0.520	5.211	0.62	5.53
A6	17.25	2.67	0.520	5.136	0.62	5.45
A7	17.00	2.63	0.520	5.062	0.62	5.37
B1	16.10	2.53	0.514	4.984	0.61	5.30
B2	15.55	2.43	0.514	4.862	0.61	5.27
B3	14.91	2.33	0.500	4.782	0.61	5.28
C1	12.40	1.93	0.489	4.043	0.59	5.08
C2	9.79	1.53	0.443	3.838	0.59	4.89

- 电性能良（156 多晶）

电性能良的电池按功率（转换效率）分为 8 个挡次等级

a. 对功率≥3.93W 的太阳电池，分为 5 挡，每挡的标称功率值为该挡的功率范围中间值或下限值。示例：对于标称功率为 3.95W 电池片，其功率范围为 3.93～4.01W；标称功率为 3.97W 的电池片，4.01W≥功率范围≥3.93W，两挡之间的间隔为 0.08W。

b. 对 3.69W≤功率＜3.93W 的太阳电池片，分为 3 挡，两挡之间为 0.08W 的间隔。每挡的标称功率值为该当功率范围中间值。示例：对于标称功率为 3.76W 的太阳电池，其功率范围为 3.69～3.77W。

等级划分实例参照表 3-7。

表 3-7　多晶 156 电池片功率（转换效率）分挡等级

功率（转换效率）分挡等级	$E_{ff}/\%$	P_m/W
B1	15.3	3.69
B2	15.6	3.77
B3	15.9	3.85
A1	16.2	3.93
A2	16.5	4.01
A3	16.8	4.09
A4	17.1	4.17
A5	> 17.3	4.25

- 电性能不良（NG 级，单晶 125）

a. P_{mpp}：＜1.5W

b. FF：FF＜65％或 FF＞83％（测试异常）

c. I_{sc}：＞5.6A（测试异常）

d. V_{oc}：V_{oc}＜0.50V 或 V_{oc}＞0.65V（测试异常）

e. R_s：R_s＜0Ω 或 R_s＞0.015Ω

② 逆电流测试　125mm×125mm 电池片，－10V 电压下逆电流≤3.5A 为合格；156mm×156mm 电池片，－10V 电压下逆电流≤5A 为合格。

③ 太阳电池分选机操作方法

a. 开机步骤　打开计算机──→打开主电源开关──→打开电子负载开关──→打开控制软件进入测试界面。

b. 设置测试参数（图 3-14）　包括测量参数、显示参数、测温参数、分类、前级分类共五组参数。

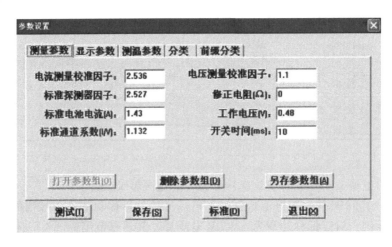

图 3-14　参数设置

➢电流测量校准因子（Factor for current）：标定短路电流值因子，其数值与电子负载有关，根据被测电池分选短路电流的量程范围进行选择，负载校验报告由设备生产厂家提供。

➢电压测量校准因子（Factor for voltage）：用于校准标准开路电压值，其值与开路电压成正比例关系。

➢标准探测器因子（Factor for standard）：此值用以标定标准光强，不能改变，数值由设备生产厂家提供。

➢修正电阻（Ω）：用于修正导线电阻及接触电阻对测试数据造成的影响，其值与 FF（填充因子）有密切关系，且与填充因子呈正比例变化关系。

➢标准电池电流（Current for standard cell）：此值为标定光强的标准电池片（standard cell）的电流值，数据不能更改，是由设备生产厂家出厂标定的标准数据。

➢工作电压［V］（Work voltage）：此值用于定电压测电流，工作点电压数据由用户自行设定，I. work 为设定点电压所对应的电流值。

➢开关时间［ms］（Gate time）：通过改变此值，找到电流的峰值点，通过打开"厂家参数 1"→"标准曲线使能"→"打开"，根据标准光强曲线找到电流的峰值点。

➢标准通道系数［I/V］（Factor for standard channel）：此数据为校准负载自动生成I/V系数，设备生产厂家提供，用户不能随意更改。

➢另存参数组［A］（图 3-15）：保存参数组。保存不同规格型号的标准电池片测试数据。"参数组名"和"说明"自行设定。保存好参数组后，在每次进入测试界面时，根据测试需要选择与之相对应的参数组。

➢ 删除参数组［D］：删除无效的参数组。在实际操作过程中选择要删除的参数组，点击"删除"就可以完成，如图 3-16 所示。

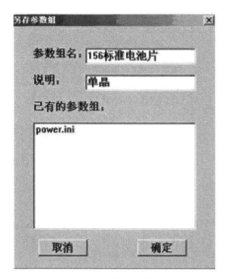

图 3-15　另存参数组

图 3-16　删除参数组

注意：正在调用的参数组不能直接删除。

➢ 当拖动图形显示界面下的显示标尺不能很好地将曲线充满坐标平面时，可以通过改变显示参数的数值以达到改变测试曲线的显示比例的目的。设定完成，按"保存"按钮即完成本次设定。如图 3-17 所示。

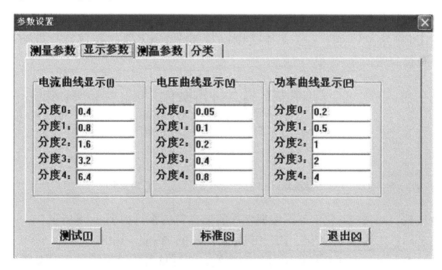

图 3-17　改变显示参数

➢ 用户可以设定 3 对温度和 AD 转换读数，形成 2 个线段的 3 个顶点，第一个 AD 转换值必须最小，第二个其次，第三个最大。软件以这 2 个线段将 AD 读数转换为具体的温度值，如果 AD 读数在第一个之下，则温度值固定为第一个温度点；如果 AD 读数在第三个之上，则温度值固定为第三个温度点。3 个 AD 采集按钮是用于读取当前温度传感器的 AD 读数，用户可以将环境温度稳定在需要的值，按下相应的 AD 采集按钮，软件自动将 AD 读数填写到对应的 AD 转换读数编辑框中。如图 3-18 所示。

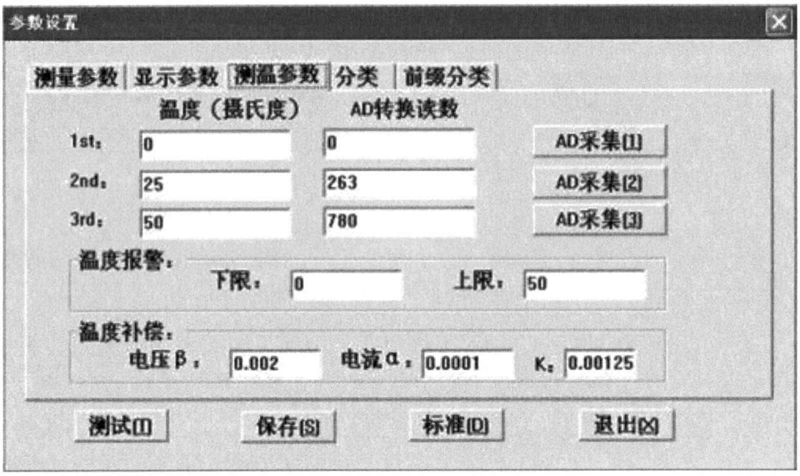

图 3-18 测温参数

> 用户可以自行设定温度报警的上下限。

> 电流温度系数 (α)【μA/cm^2/℃】：有效接触面积上，单位温度℃及单位面积 cm^2 上电池片的电流变化数据。测试软件中具有自动测温及电流补偿到标准温度 25℃ 条件下功能。电流温度系数建议值：10.0μA/cm^2/℃。

> 电压温度系数 (β)［mV/cell/℃］：有效接触面积上，单位温度℃及单元电池片上电池的电压变化数据。测试软件中具有自动测温及电压补偿到标准温度 25℃ 条件下的功能。电压温度系数建议值：2.40mV/cell/℃。

> 曲线校正系数 (K)［Ω/℃］：晶体硅电池的经典曲线校正系数 K 值为 $1.25 \times 10^{-3}\Omega$/℃。

> 修正补偿公式：

$$I_2 = I_1 + I_{sc}\left(\frac{E_2}{E_1} - 1\right) + \alpha(T_2 - T_1)$$

辐照度修正　　　　温度修正

$$V_2 = V_1 + \beta(T_2 - T_1) - R_s(I_2 - I_1) - KI_2(T_2 - T_1)$$

温度修正　　　　电阻修正　　　　曲线修正

> 分类级数：3～20 级数不等，根据生产需要自行选择，如图 3-19 所示。

> 分类名称：Pm、Isc、Voc、Eff、FF、I. Work、Vpm、Ipm。

> 数值：根据生产需要自行设定对应的数值，并可单击所对应的编号，选择不同的颜色进行标注。

> 分类显示：用户自行设定，标注显示的文字或英文。

> 分类级数与分类名称等同上，用户自行选择设定。组合分挡时"前级分类"作为一级分类，用 A、B、C、D……等英文字母作为标注；"分类"作为二级分类，用 1、2、3……等阿拉伯数字作为标注。如图 3-20 所示。

图 3-19　分类级数

图 3-20　分类

c. 测试调整步骤

➤ 测量标准光强。在工具条上单击"标准电池测量",此时氙灯会闪光一次,测量显示的值就是当前光强值。单击 Re-test 键重复测量光强值,使之符合标准光强(光强值变化范围为±5%,为允许范围)。确定光强值后,按下"OK"键。

注意 当光强值确定后，在以后的测量中不可随意更改。

➢ 测量参数调整。根据所测电池片的具体参数进行计算和调整。

➢ 测试电池片，导出数据，打印测试汇总表，如图 3-21 所示。也可以导出到 Excel 工作簿中，如图 3-22 所示。

图 3-21　测试汇总表

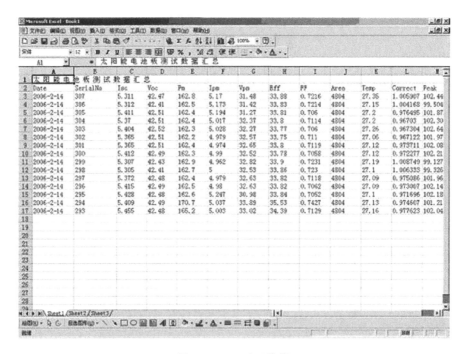

图 3-22　Excel 工作簿

d. 使用时的安全注意事项

➢ 测量时人眼不可直视光源，以免对人眼造成伤害，不能用手直接触摸氙灯。

➢ 机箱必须可靠接地。

> 按国家电工标准接入 220V 电源（L、N 不能接错）。
> 电源是高压大电流，系统工作时严禁任何人打开电源箱，以免造成人员伤害。

任务四　太阳电池基于红外成像技术的检测

① 了解太阳电池光致发光检测的原理。
② 掌握光致发光检测的方法。

【任务实施】

3.4.1　太阳电池光致发光测试仪（PL）的原理与应用

光致发光（Photoluminescence，缩写为 PL），是指当使用光源（LED 灯或者激光）照射硅片表面时，在硅片内产生非平衡载流子，一部分激发的电子与空穴复合，多余的能量以光子的形式释放，该过程称为光致发光。使用高分辨率的 CCD 摄像头接收发光光谱并形成 2D 图像，可用于太阳电池分析。

光致发光图形分析是一种非接触式、快速的测试手段，可用于太阳电池工艺的任一阶段。能够检测少子寿命分布［可在很低的注入水平下（$10^8 \sim 10^9 \mathrm{cm}^{-3}$）进行测试］、串联电阻、并联电阻分布以及太阳电池的工艺缺陷，有效控制太阳电池生产工艺水平。

图 3-23 为太阳电池光致发光测试仪结构示意图。

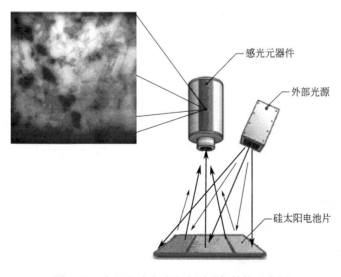

图 3-23　太阳电池光致发光测试仪结构示意图

PL 信号和电池片的少子寿命具有如图 3-24 所示的相关性。PL 和少子寿命间的拟合情况，对于不同的硅片而言存在差异，影响因素有硅片厚度、掺杂浓度、表面状况等。

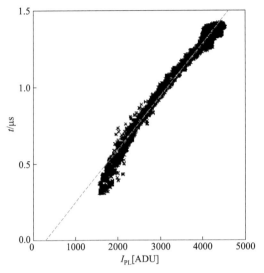

图 3-24　同一硅片内不同区域的 PL 信号和少子寿命测试结果的相关性，$R^2 = 99\%$

PL 检测（图 3-25）可以轻易地检测到电池片的各种问题。PL 测试方法的优势是全程检测，检测速度快，为生产节省时间和成本，提高产品品质。PL 检测在光伏产业中应用十分广泛，通过 PL 分析，可以将生产工艺问题精确定位到某个工艺步骤。

(a) 检测裸硅片

(b) 检测制绒后的硅片

(c) 检测扩散后的硅片

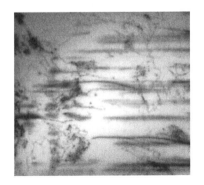

(d) 检测去磷硅玻璃后的硅片

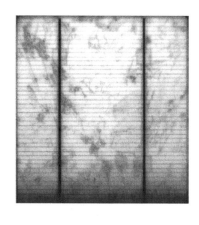

(e) 检测烧结后的电池片

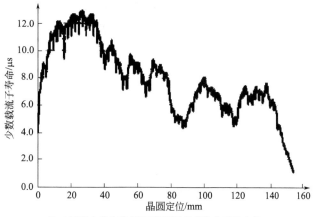

(f) 少子寿命的分析(PL系统可以分析整个面及内部
指定位置的少子寿命，并可以分析不同寿命的原因)

图 3-25　太阳电池光致发光测试仪（PL）的检测项目

3.4.2　太阳电池电致发光测试仪（EL）的原理与应用

电致发光（Electroluminescent，缩写为 EL），是指电流通过物质时或物质处于强电场下发光的现象。

对于晶体硅太阳电池，在掺杂的 Si 晶体中存在施主、受主能级，以及其他杂质能级、缺陷能级等，注入的非平衡载流子会在上述能级间复合发光。由于上述能级间能量小于硅的带隙宽度 E_g，因此辐射光的波长大于 1110nm。

由图 3-26 可以看到，左侧有个峰值，对应于 1110nm，为 Si 的带间复合发射峰。由于载流子的热分布，电子并不完全处于导带底，空穴也不完全处于价带顶，因此带间复合的发射光谱有一定的宽度。对于 Si，其带间复合宽度在 1000～1300nm。在图 3-26 坐标右侧 1300～1700nm 也存在发光光谱，该光谱主要为缺陷能级复合的发光光谱。

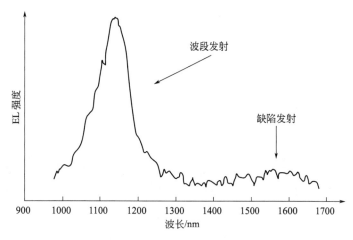

图 3-26　硅的电注入发光谱图

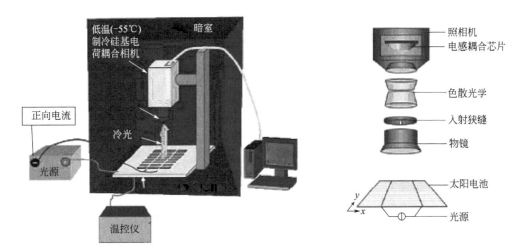

图 3-27　电致发光（EL）缺陷检测仪结构

EL 缺陷检测仪（图 3-27）在正向偏压下，可检测如图 3-28 所示的太阳电池片以及组件缺陷。

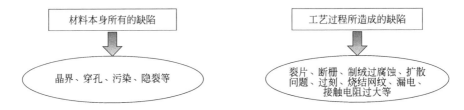

图 3-28　太阳电池片及组件缺陷

在反向偏压下，可以检测电池片中因各种缺陷所造成的漏电，可通过不同电压值下漏电流大小并结合图片发现漏电的区域和严重程度。

EL 测试结果分析如下。

① 正常电池片的 EL 图像（图 3-29）：电池片表面亮度较高，且亮度分布均匀。

图 3-29　正常电池片

② 裂片（图 3-30）。裂片可分为隐裂和显裂两种情况，且裂片要区分烧结前裂或烧结后裂，区分时可根据正向反向同时扫描进行区别判断。

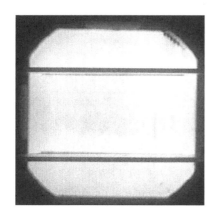

图 3-30　裂片

③ 材料缺陷（图 3-31）。效率从左至右逐渐增加。电池片中部的圆形图案，可能为单晶硅棒拉晶过程中的氧杂质环。

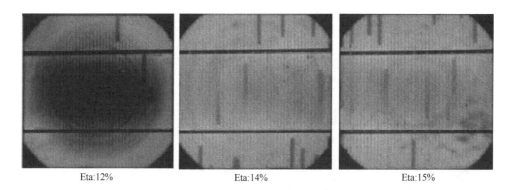

Eta:12%　　　　　　Eta:14%　　　　　　Eta:15%

图 3-31　材料缺陷

④ 烧结炉带网纹（图 3-32）。在烧结过程中，硅片与炉带接触处铝背场烧结不良，导致该处 BFS 钝化效果不好，相应部位表面复合较大，因此在 EL 图片上形成反差。

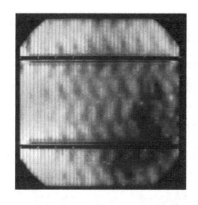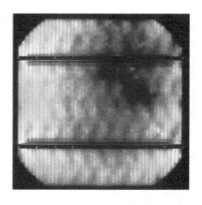

图 3-32　烧结炉带网纹

⑤ 断栅（图 3-33）。断栅部位的电流密度较小，因此 EL 亮度较小，形成反差。注意，在有断栅点的栅线上，靠近主栅的一侧较亮，而远离主栅的一侧因为电流无法到达，所以较暗。

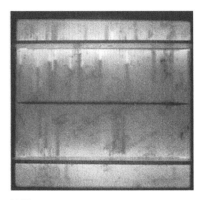

图 3-33　断栅

⑥ 刻蚀过量（图 3-34）。

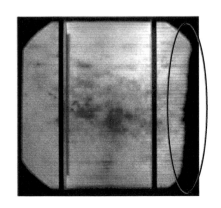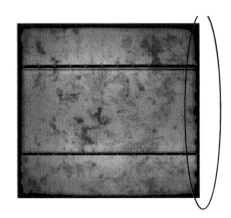

图 3-34　刻蚀过量

⑦ 晶界、网纹处漏电（图 3-35）。左图为正向偏压的 EL 图像，右图为反向偏压的 EL 图像。

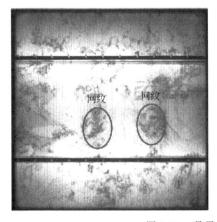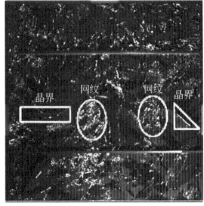

图 3-35　晶界、网纹处漏电

⑧ 电池片边缘漏电（图 3-36）。左图为正向偏压的 EL 图像，右图为反向偏压的 EL 图像，右图中边缘的亮点为漏电位置。

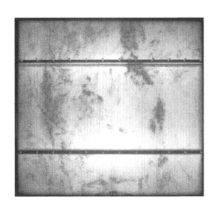

图 3-36　电池片边缘漏电

⑨ 电池片划痕（图 3-37）。

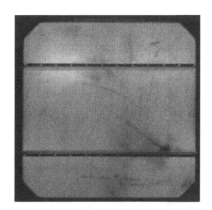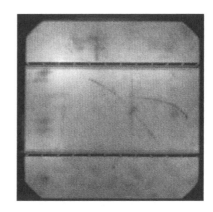

图 3-37　电池片划痕

⑩ 烧结不良。EL 图像（左图）与 Corescan 扫描图（右图）的对应如图 3-38 所示。

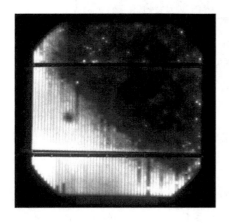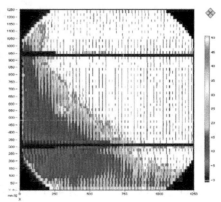

图 3-38　烧结不良

任务五　太阳电池光学性能检测

① 了解椭偏仪的原理。

② 了解椭偏仪的使用方法。

【任务实施】

硅的光学性能对于晶体硅太阳电池制造和器件结构设计具有重要的意义。在理论上，用量子力学中的能带论来解释晶体硅晶格结构与硅材料光学特性之间的关系。在太阳电池制造和生产过程中，最常见的检测方法是采用椭偏仪测量材料的折射率和厚度，采用分光光度计测量材料的反射率、透射率和吸收率。

3.5.1　椭偏仪的原理与应用

椭偏仪用于测量薄膜材料的厚度和折射率。其结构如图 3-39 所示基本工作原理如图 3-40 所示。

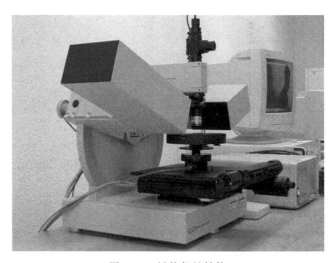

图 3-39　椭偏仪的结构

（1）综合折射率

当光线穿过介质的时候，与介质发生相互作用：光线的传输速度被降低，能量被吸收。综合折射率就是用于描述这种相互作用的参数：

$$\bar{n} = n - ik$$

式中，n 即为折射率，它表明光线在介质中的传输速度与在自由空间中的传输速度（$c = 3 \times 10^8 \text{m/s}$）之间的差异程度。$k$ 称为消光系数，它表明光线被介质原子吸收的程度。对于介电材料，例如玻璃，它不吸收光线，对于光线是透明的，$k = 0$。k 由吸收系数 α 定义。

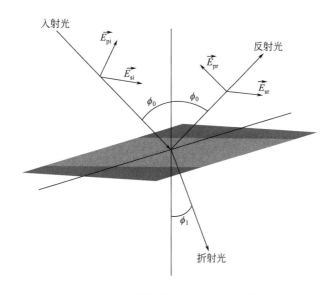

图 3-40 椭偏仪的基本工作原理

在产生光吸收的介质中，光强随着穿透深度 z 呈指数降低。对于某种材料，通常综合折射率是一个常数，但 n 值和 k 值都会随着波长和介质温度而变化。

（2）偏振光

物质发出的光波具有一切可能的振动方向，且各方向振动矢量的大小相等，称为自然光。与自然光不同，当光矢量在一个固定的平面内只沿一个固定方向做振动，这种光称为线偏振光（或者平面偏振光），简称偏振光。偏振光的光矢量振动方向和传播方向所构成的面称为振动面。现在假设两束振动频率相同的光线沿着相同的路径传输，其中一束光线沿着与振动面垂直的方向偏振，另外一束光沿着与振动面平行的方向偏振。当两束光线相位相同时，它们的干涉光仍然是线偏振光 [图 3-41(a)]。如果两束光线的相位差为 90°，它们的干涉光是圆形偏振光 [图 3-41(b)]。如果两束光线的相位差不是 90°，则它们的干涉光是椭圆偏振光。当线偏振光在平面上发生反射时，其相位在入射平面的垂直方向和水平方向上都会发生偏移。由于椭圆偏振光的特点，其偏移量通常是不等的。

（3）表面反射

椭偏光谱法（Ellipsometry）涉及到平面上的光线反射（图 3-42）。与入射面平行的线偏振光记为 p-wave，与入射面垂直的线偏振光记为 s-wave。一部分光线被平面反射，一部分光线穿过平面发生透射。菲涅尔反射系数 r 为反射光振幅与入射光振幅的比值。对于 p-wave 和 s-wave，菲涅尔反射系数是不同的：

$$r_{12}^{p}=\frac{\bar{n}_2\cos\phi_1-\bar{n}_1\cos\phi_2}{\bar{n}_2\cos\phi_1+\bar{n}_1\cos\phi_2} \qquad r_{12}^{s}=\frac{\bar{n}_1\cos\phi_1-\bar{n}_2\cos\phi_2}{\bar{n}_1\cos\phi_1+\bar{n}_2\cos\phi_2}$$

根据光的折射定律（Snell's law），反射角 ϕ_2 由入射角 ϕ_1 以及两种介质的综合折射率决定。

对于有多个界面的反射和折射（图 3-43），穿过第一层界面的透射光在第二层界面上发生反射，并返回到第一层界面，在第一层界面上发生的透射进入到介质 1 中。因此，介质 1 中的反射光是由第一层界面上直接发生反射的光线和从介质 2 透射到介质 1 中的透射光组成

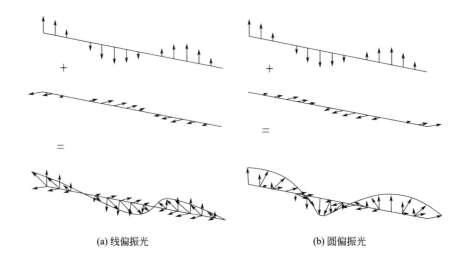

(a) 线偏振光　　　　　　　　　(b) 圆偏振光

图 3-41　偏振光示意图

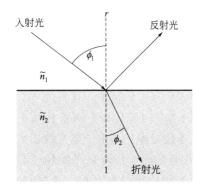

图 3-42　光线在平面上的反射和透射

的。从介质 2 透射到介质 1 的透射光强度是减弱的。介质 1 中反射光的振幅是这两种光线振幅之和。菲涅尔反射系数为：

$$R^{\mathrm{p}} = \frac{r_{12}^{\mathrm{p}} + r_{23}^{\mathrm{p}} \exp(-\mathrm{i}2\beta)}{1 + r_{12}^{\mathrm{p}} r_{23}^{\mathrm{p}} \exp(-\mathrm{i}2\beta)}$$

$$R^{\mathrm{s}} = \frac{r_{12}^{\mathrm{s}} + r_{23}^{\mathrm{s}} \exp(-\mathrm{i}2\beta)}{1 + r_{12}^{\mathrm{s}} r_{23}^{\mathrm{s}} \exp(-\mathrm{i}2\beta)}$$

其中，r_{23} 是介质 2 与介质 3 之间的菲涅尔反射系数，β 为：

$$\beta = 2\pi \left(\frac{d}{\lambda} \right) n_2 \cos\phi_2$$

其中，d 为薄膜厚度（介质 2 的厚度）。

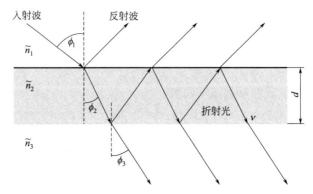

图 3-43　多个界面上的反射和透射

（4）椭偏光谱法

定义 δ_1 为入射光的垂直分量和水平分量之间的相位差，δ_2 为反射光的垂直分量和水平分量之间的相位差，则 Δ 即为入射光经过反射后，其水平分量和垂直分量之间相位差的变化值。除了相位变化，入射光经过反射后，其水平分量和垂直分量的振幅也会发生变化。定义 Ψ 为

$$\tan\Psi = \frac{|R^p|}{|R^s|}$$

Ψ 是一个角度，它的正切值为 p-wave 与和 s-wave 的反射系数绝对值之比（图 3-44）。由以上各参数，得出椭偏光谱法的基本方程式：

$$\rho = \tan\Psi \exp(i\Delta) = \frac{R^p}{R^s}$$

Δ 和 Ψ 的数值可使用椭偏仪测出。那么，原则上，若已知 $\bar{n}$，入射角 ϕ_1 和波长 λ，并且测得了 Δ 和 Ψ 值，就可以通过计算求出薄膜厚度 d，以及介质 2 的折射率。

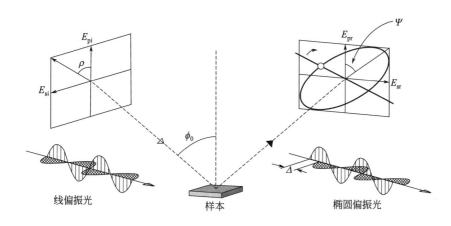

图 3-44　椭偏光谱法原理

（5）椭偏测试仪系统

椭偏测试仪的单色光是通过波长为 632.6nm 的氦氖激光获得的。由氦氖激光发出的光束经过偏光滤光镜（也称为偏光片），与偏光片轴线相同方向的线偏振光分量可以透过，与偏光片轴线垂直方向的线偏振光分量则被阻挡住。由此，光线通过偏光片后成为线偏振光。如果将偏光片轴线设置为 45°，光束通过偏光片后可以获得强度相同的 p-wave 和 s-wave（图 3-45）。

此外，光束可能会通过一个 1/4 波片（Quarter wave plate），它是具有一定厚度的双折射单晶薄片，与光轴水平的方向称为快轴，与光轴垂直的方向则称为慢轴，快轴和慢轴相互垂直，并且与光线传播方向垂直。光线通过 1/4 波片时，沿快轴方向的分量传播速度比沿慢轴方向的分量传播速度要快。若光线在穿过 1/4 波片之前，两个分量的相位相同（亦即是线偏振光），当穿过 1/4 波片之后，两个分量的相位差为 90°（亦即是圆形偏振光）。1/4 波片的工作原理如图 3-46 所示。

黑色实线表示快轴，黑色虚线表示慢轴。快轴方向的线偏振光比慢轴方向的线偏振光相位早 1/4 波长（90°）。图中（a）、（b）、（c）、（d）所示为 1/4 波片对光束分量的作用。

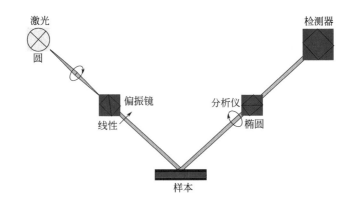

图 3-45　椭偏测试仪结构原理

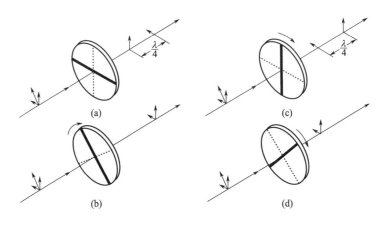

图 3-46　1/4 波片工作原理

经过偏振片的光束照射在样品台的样品表面上，光束与样品表面之间的入射角度设定为 70°，这个入射角度也称为临界布儒斯特角（critical Brewster angle）。当光线以临界布儒斯特角度入射时，垂直于入射面方向上的偏振光的反射最低。采用这个入射角度，可以获得更高的测量精度。

样品台上方是显微镜，有两种用途：首先是作为放大镜，更清晰地观察样品；此外它也用于检查样片是否水平放置于样品台上。样品台可以倾斜，以调节样品表面至水平位置。光束在样片上反射并形成椭圆偏振光，反射光束被接收器接收，接收器与偏光片构造相同，区别在于接收器是旋转的。光束经过接收器后成为线偏振光，这一光信号被光电倍增管探测并记录下来。光信号与接收器角度呈函数关系。光电倍增管附带有一个波段滤波器，因此不需要在完全黑暗的环境里使用椭偏测试仪。

由于接收器是旋转工作的，当进入接收器的光线为圆形偏振光时，可以得到最佳的测量精度。光线在样片上反射后，产生的相位差约为 90°的情况下，使用线偏振光即可以得到满意的精度（不使用 1/4 波片），线偏振光在样片表面反射后可以形成圆形偏振光。但是，如果光线在样片上反射后，产生的相位差约为 0°或者 180°时，则须采用 1/4 波片，否则进入到接收器的光线将是线偏振光。

椭偏仪测量出来的薄膜厚度值还存在一些问题，原因在于和是角度值，因此求解方程得到的解函数是周期性的。解决这个问题的方法是变更入射光波长或者入射角度，进行多次测量。对于折射率较低的透明薄膜，例如氧化硅和氮化硅，用改变入射角度的方法测量薄膜厚度十分方便。具有高折射率的较厚的薄膜材料，例如非晶硅薄膜，不能通过单纯改变入射角度的方法测得薄膜厚度值，这是因为厚度值的周期性对入射角度的依赖性很低。对于这种类型的材料，需要采用多个波长的入射光进行测量，使得仪器的造价高昂。

晶体硅太阳电池的减反射薄膜通常采用氮化硅、氧化硅薄膜，测量薄膜厚度和折射率相对比较简单。车间中标配的椭偏仪通常是单波长的，能够满足测量要求。

（6）使用椭偏仪测量薄膜厚度和折射率的操作方法

下面以 SENTECH 公司的 SE 400advanced 型号椭偏仪为例，介绍使用椭偏仪测量晶体硅太阳电池上 SiN 薄膜的厚度（d）和折射率（n）的操作方法。

该设备由以下两个部分构成。

① 光学系统部分：由支架、定位显微镜、线偏振光发射器（包括 632.8nm 激光源）、椭圆偏振光接收和分析器组成。此部分完成整个光学部分的测试。

② PC 机部分。此部分完成数据的分析和输出。

操作步骤

① 打开椭偏仪电源开关，打开氦氖激光器电源开关，打开控制电脑主机开关。为了延长椭偏仪激光器寿命，建议尽量减少开关激光器的次数。

② SE 400advanced 程序通常被安装在文件夹 C：\ program files \ SE 400Adv \ ApplicationFrame \ SiAFrame. exe。使用资源管理器或者直接双击桌面的 SE 400advanced 图标（图 3-47），启动软件。

软件启动后自动进入登录用户界面（图 3-48）。通过菜单"Login"，能够添加、更改或删除用户和用户权限。

图 3-47　SE 400advanced 图标

图 3-48　SE 400advanced 用户认证

③ 登录，进入用户主窗口（图 3-49）。

在软件界面的右下角，图标 2 显示椭偏仪控制器的连接状态，通常显示为绿色。如果显示不为绿色，可检查椭偏仪和控制器之间的网络连接是否正常，并检查屏幕右下角的任务栏的网络状态。

④ 样品测试

● 在 recipe 下拉菜单中选择 08 Si3N4 on silicon 100nm。

● 将样品水平放于测试台，并定位。

● 点击 Measure 开始测量，测量完成后，结果显示在主结果 3 和 protocol 4。

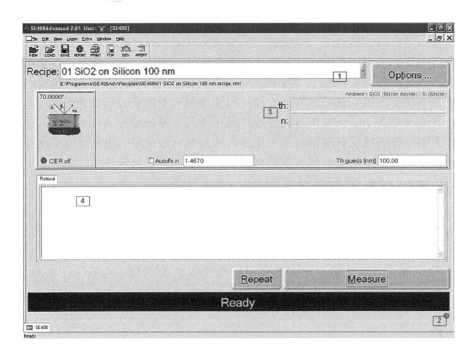

图 3-49 SE 400advanced 主窗口

• 测量选项（图 3-50 和图 3-51）

在"Measurement options"页面中，能够按照测量的数值计算方法、数值极限和结果报告，对一些设定进行更改。此外，设定入射角度和对多角度测量所使用角度的选择也能够在这里进行。

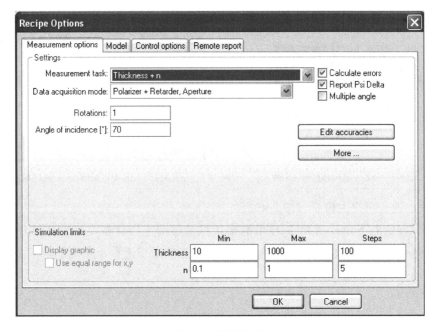

图 3-50 测量选项

测量任务	
Psi, Delta	椭偏角度的测量
Substrate ns, ks	使用 free surface 模型时，基底的复折射率
Thickness	使用单层透明膜模型，并指定膜层折射率和基底折射率时，膜层的厚度 开始膜厚由用户给出或由 CER 测量给出
Thickness + n	使用单层膜模型时，膜层的厚度和折射率（基底的复折射率作为固定值) 开始膜厚由用户给出或由 CER 测量给出
Thickness + n + absorption	多角度测量情况下，膜层的厚度、折射率和吸收系数 使用"Thickness + n"模型，椭偏仪需要用多角度测量
Two layers	多角度测量情况下双层膜的厚度

图 3-51　模式选项（测量）

- 模型选项（图 3-52）

页面"Model"包含了所有对测量进行分析的参数。

软件所使用的默认模型为在吸收基底上的三层吸收膜。

模型的参数能够被直接输入在相应的区域。另一种方法是使用 SENTECH 材料库（图3-53），可通过膜层名字右边的按钮□使用材料库。

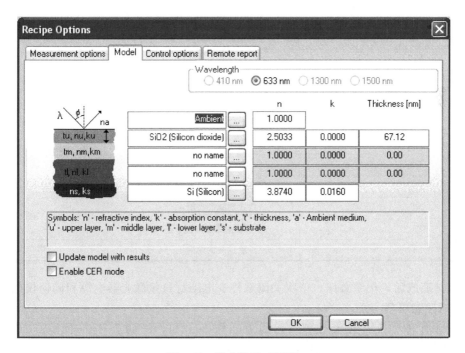

图 3-52　模式选项（模型）

模型参数的描述在表 3-8 中给出。

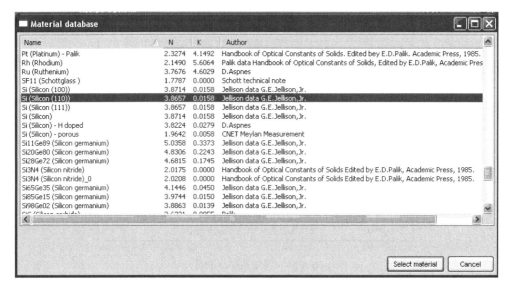

图 3-53　SE 400advanced 材料库

表 3-8　三层膜模型的参数总结

Ns	基底折射率
Ks	基底吸收系数
Na	周围环境的折射率（空气：$n=1$）
Ka	周围环境的吸收系数（空气：$k=0$）
Phi	入射角（垂直时入射角为 0°）
La	激光波长（nm）
Nu	上层膜的折射率
Ku	上层膜的吸收系数（通常为负）
Du	上层膜的厚度
Nm	中间层膜的折射率
Km	中间层膜的吸收系数
Dm	中间层膜的厚度
Nl	底层膜的折射率
Kl	底层膜的吸收系数
Dl	底层膜的厚度

⑤ 测试完成后，记录数据，依次关闭软件、电脑、氦氖激光器电源和椭偏仪电源。

使用时注意事项

① 测试时若结果有较大偏差（n 约为 $2.05\sim2.11$，d 约为 $84\sim92$nm），应先考虑PECVD 工艺问题，再考虑椭偏仪本身是否测量准确。

② 测试时其 Degree of polarization（偏振度）应大于 0.996。

③ 定期检查光路准确情况：

- 首先采用 70°入射角测量 SiO_2 标准片，检验测量结果是否在误差范围内。

- 70°入射角时在 Service and configuration 窗口内看其图形对准情况，黄、红两图形应重合，其 Symmetry 应大于 0.996。

④ 氦氖激光器电源不能频繁地开关。开机时应先确认氦氖激光器电源关闭再接通电源，然后才能打开激光器电源（断电时应注意关闭激光器电源）。

⑤ 平时应保持设备整洁。

3.5.2 分光光度计的原理与应用

图 3-54 瓦里安 Cary 系列分光光度计

分光光度计（图 3-54）是通过测量物质对特定波长或一定波长范围内光的吸收度对该物质进行定性和定量分析的仪器。常用的波长范围为：①200～400nm 的紫外光区；②400～760nm 的可见光区；③2.5～25μm（按波数计为 4000～400cm^{-1}）的红外光区。测量太阳电池表面反射率、薄膜材料折射率，一般采用紫外-可见分光光度计，其结构和基本工作原理分别如图 3-55 和图 3-56 所示。

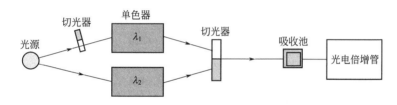

图 3-55 双波长分光光度计结构

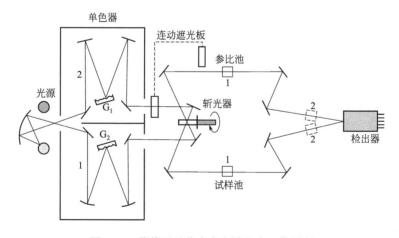

图 3-56 紫外可见分光光度计基本工作原理

(1) 电磁辐射和光谱法

光是一种电磁波（或叫电磁辐射），具有波粒二象性，从 γ 射线直至无线电波都是电磁波（图 3-57）。当物质与辐射能相互作用时，物质内部发生能级之间的跃迁，记录由能级跃迁所产生的辐射能强度随波长（或相应单位）的变化所得的图谱，称为光谱。利用物质的光谱进行定性、定量和结构分析的方法称为光谱分析法，简称光谱法。

光谱法可分为原子光谱法和分子光谱法。

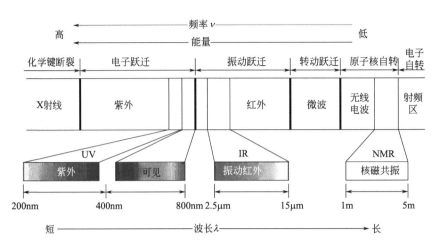

图 3-57 波长及能量跃迁相关图

• 原子光谱法是由原子外层或内层电子能级的变化产生的，它的表现形式为线光谱。属于这类分析方法的有原子发射光谱法（AES）、原子吸收光谱法（AAS）、原子荧光光谱法（AFS）以及 X 射线荧光光谱法（XFS）等。

• 分子光谱法是由分子中电子能级、振动和转动能级的变化产生的，表现形式为带光谱。属于这类分析方法的有紫外-可见分光光度法（UV-VIS）、红外光谱法（IR）、分子荧光光谱法（MFS）和分子磷光光谱法（MPS）等。

光谱按照物质和辐射能的转换方向分类，可以产生发射、吸收和散射三种类型的光谱。

• 物质通过电致激发、热致激发或光致激发等激发过程获得能量，变为激发态原子或分子 M＊，当从激发态过渡到低能态或基态时产生发射光谱：

$$M* \longrightarrow M + h\nu$$

发射光谱有线光谱、带光谱、连续光谱三种类型。

通过测量物质的发射光谱的波长和强度来进行定性和定量分析的方法，叫做发射光谱法。

• 当物质所吸收的电磁辐射能与该物质的原子核、原子或分子的两个能级间跃迁所需的能量满足 $\Delta E = h\nu$ 的关系时，将产生吸收光谱：

$$M + h\nu \longrightarrow M*$$

吸收光谱法可分为 Mössbauer（莫斯鲍尔）谱法、紫外-可见分光光度法、原子吸收光谱法、红外光谱法、顺磁共振波谱法和核磁共振波谱法。

• 频率为 ν_0 的单色光照射到透明物质上，物质分子会发生散射现象。如果这种散射是光子与物质分子发生能量交换，即不仅光子的运动方向发生变化，它的能量也发生变化，则称为 Raman 散射。这种散射光的频率与入射光的频率不同，称为 Raman 位移。Raman 位移的大小与分子的振动和转动的能级有关，利用 Raman 位移研究物质结构的方法，称为 Raman 散射光谱法。

(2) 光谱法仪器

用来研究吸收、发射或荧光的电磁辐射的强度和波长关系的仪器，叫做光谱仪或分光光度计。分光光度计的基本原理是利用被测物质对光的选择性吸收，来了解物质的特性。

光谱法仪器一般包括五个基本单元（图 3-58）：光源、单色器、样品容器、检测器和读出器件。

图 3-58　光谱仪的五个基本单元

光源

光源的作用是提供足够的能量使试样蒸发、原子化、激发，产生光谱。由光源发射的待测元素的锐线光束（共振线），通过原子化器，被原子化器中的基态原子吸收，再射入单色器中进行分光，被检测器接收，即可测得其吸收信号。

光源有连续光源和线光源等。光谱分析中，光源必须具有足够的输出功率和稳定性。由于光源辐射功率的波动与电源功率的变化成指数关系，因此往往需用稳压电源以保证稳定，或者用参比光束的方法来减少光源输出对测定所产生的影响。

连续光源是指在很大的波长范围内能发射强度平稳的具有连续光谱的光源。一般连续光源主要用于分子吸收光谱法。有以下几种连续光源。

• 紫外光源。紫外连续光源主要采用氢灯或氘灯。它们在低压（$\approx 1.3 \times 10^3 \, \text{Pa}$）下以电激发的方式产生的连续光谱范围为 $160 \sim 375 \text{nm}$。

• 可见光源。可见光区最常见的光源是钨丝灯。在大多数仪器中，钨丝的工作温度约为 2870K，光谱波长范围为 $320 \sim 2500 \text{nm}$。氙灯也可用作可见光源，当电流通过氙灯时可以产生强辐射，它发射的连续光谱分布在 $250 \sim 700 \text{nm}$。

• 红外光源。常用的红外光源是一种用电加热到温度在 $1500 \sim 2000 \text{K}$ 之间的惰性固体，光强最大的区域在 $6000 \sim 5000 \text{cm}^{-1}$。常用的有奈斯特灯、硅碳棒。

线光源主要用于荧光、原子吸收和拉曼光谱法。

• 金属蒸气灯。常见的是汞灯和钠蒸气灯，在透明封套内封装有低压气体元素。把电压加到固定在封套上的一对电极上时，就会激发出元素的特征线光谱。汞灯产生的线光谱的波长范围为 $254 \sim 734 \text{nm}$，钠灯主要是 589.0nm 和 589.6nm 处的一对谱线。

• 空心阴极灯。主要用于原子吸收光谱中，能提供许多元素的特征光谱。

• 激光。激光的强度非常高，方向性和单色性好，它作为一种新型光源，在 Raman 光谱、荧光光谱、发射光谱、Fourier 变换红外光谱等领域极受重视。常用的激光器有：主要波长为 693.4nm 的红宝石激光器；主要波长为 632.8nm 的 He-Ne 激光器；主要波长为 514.5nm、488.0nm 的 Ar 离子器。

单色器

单色器的主要作用是将复合光分解成单色光或有一定宽度的谱带。单色器由入射狭缝和出射狭缝、准直镜以及色散元件（如棱镜或光栅）等组成。

吸收池（样品容器）

吸收池一般由光透明的材料制成。在紫外光区工作时，采用石英材料；可见光区，则用硅酸盐玻璃；红外光区，则可根据不同的波长范围，选用不同材料的晶体制成吸收池的窗口。

检测器

检测器可分为两类，一类对光子产生响应的光检测器，另一类为对热产生响应的热检测器。

- 光检测器有硒光电池、光电管、光电倍增管和半导体等。
- 热检测器是吸收辐射并根据吸收引起的热效应来测量入射辐射的强度，包括真空热电偶、热电检测器和热电偶等。

读出器件

读出器件是一种光电转换元件，检测光束通过样品吸收后透射光的强度，并把这种光信号转换为电信号，再通过计算机软件完成电信号的数据采集、分析。

（3）用于太阳电池测试的吸收光谱法

光吸收的基本定律是朗伯-比尔定律：当一束单色光通过含有吸光物质的稀溶液时，溶液的吸光度与吸光物质浓度、液层厚度乘积成正比。光线照射物体时遵循以下定律：入射光＝反射光＋透射光＋吸收光。

在吸收光谱法中，被测溶液和参比溶液分别放在同样材料及厚度的两个吸收池中，让强度同为 I_0 的单色光分别通过两个吸收池，用参比池调节仪器的零吸收点，再测量被测溶液的透射光强度，所以反射光的影响可以从参比溶液中消除。

$$I_0 = I_a + I_t$$

式中，I_0 为入射光强度；I_a 为反射光强度；I_t 为透射光强度。

透射光强度 I_t 与入射光强度 I_0 之比为透射比（也叫透射率），用 T 表示：

$$T = I_t / I_0$$

用吸光度 A 表示物质对光的吸收程度：

$$A = abc$$

式中，a 为吸光系数，L/（g·cm）；b 为光在样本中经过的距离（通常为比色皿的厚度），cm；c 为溶液浓度，g/L。

电池片对光的吸收是太阳电池发电的前提条件。吸光量越大，才能获得更多的电能。因此检测太阳电池结构中各个界面、膜层对光的反射率、透射率、吸收率，对产品的设计、工艺调试和改进、检验电池产品的光电转换效率具有重要意义。

（4）使用分光光度计测量太阳电池光学性能的操作方法

以美国 Varian 公司 Cary50 分光光度计为例，介绍仪器使用和操作方法。仪器的基本结构如图 3-59 所示。

图 3-59　采用吸收光谱法的分光光度计结构

开机及基本操作步骤

① 开电脑进入操作系统。

② 保证样品室内是空的。

③ 双击软件图标后，弹出软件主显示窗（图 3-60）。

标准 Cary WinUV 软件有 12 个功能：

- Simple Reads　　　　　简单读数定波长测定软件
- Advance Reads　　　　高级读数定波长测定软件
- Concentration　　　　浓度测定软件
- Scan　　　　　　　　波长扫描软件

图 3-60　软件主显示窗

- Validate　　　　　　　仪器检定软件
- Align　　　　　　　　仪器调整软件
- GLP Administration　　实验室管理及密码设定
- ADL Shell　　　　　　应用发展语言解释程序
- Cary ADL Help　　　　Cary 应用发展语言帮助信息
- System Information　　系统信息
- Cary Help　　　　　　Cary 软件帮助信息
- Troubleshoot Windows　故障寻找

④ 在 WinUV 主显示窗下，双击所选图标（Advanced Reads 为例，如图 3-61 所示），进入高级读数控制程序页面。该软件对样品在各种条件下进行定波长吸光度测量，并可用"User Collect"选项对多个波长测量点进行简单的计算。

- 单击 Setup 按钮进入仪器条件和参数设置页（图 3-62），填入测量波长、氙灯闪烁平均时间、重复读数次数、样品等分次数。
- 设置样品名称（图 3-63）
- 设置报告参数，包括操作人名字、备注，勾选报告所含的内容等，如图 3-64 所示。点击 OK 设置完成。
- 运行一个已保存好的方法（方法中包含标准曲线）。菜单如图 3-65 所示。

单击 File→单击 Open Method→选调用方法名→单击 Open。

单击 Start 开始运行调用的方法。如用已存的标准曲线，在右框中将全部标准移到左框。按 OK→进入样品测试。

按提示完成全部样品的测试。

按 Print 键打印报告和标准曲线。

如要存数据和结果，单击 File 文件。选 Save Data As...，在下面 File name 中输入数据文件名，单击 Save。

图 3-61　Advanced Reads

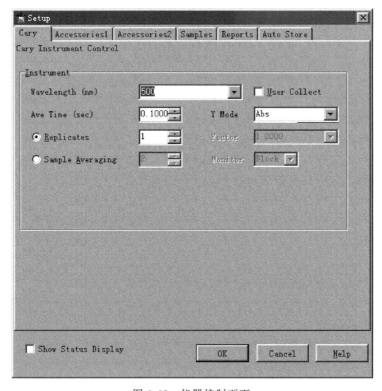

图 3-62　仪器控制页面

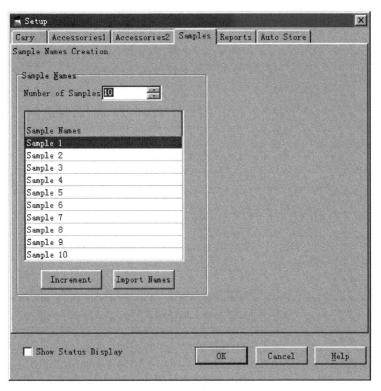

图 3-63 样品名设置页面

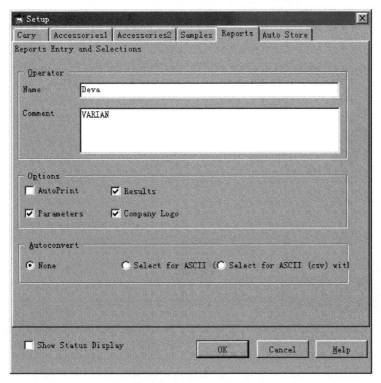

图 3-64 设置报告参数

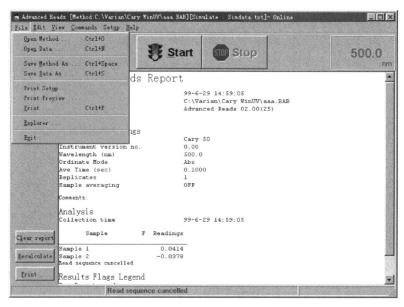

图 3-65　文件菜单

- 测量完成。
- 编辑测量报告。

下面的选项仅当选择了 Edit Report 之后才有效，如图 3-66 所示。

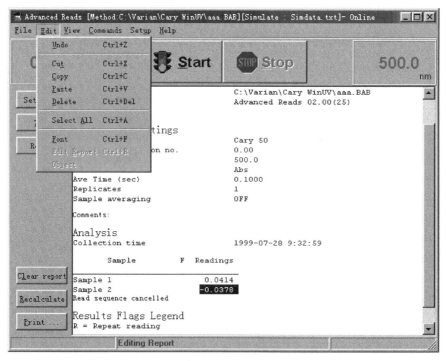

图 3-66　编辑菜单

Cut：用该项将选定的文字剪切下来，并将其放在 Windows 书写板上。

Copy：用该项将选定的文字拷贝到 Windows 的书写板上。

Paste：恢复报告中剪切或删除的内容，或将 Windows 书写板上的内容粘贴到光标所在之处。

Delete：在进行报告编辑时可删除所选的某项数据。

Select All：将报告中所有内容选中。

Edit Report：选择该项后可对报告进行编辑。

⑤ 新编一个方法步骤。

• 单击 Setup 功能键，进入参数设置页面（图 3-67）。

图 3-67　参数设置页面

• 设置好每页的参数。然后按 OK 回到主菜单。

• 放入空白样品，按 Zero 按钮，测空白回零。

按 Start 按钮，根据屏幕提示输入文件名，依次将样品放入样品池进行样品测试。

按 Stop 按钮，停止样品测试。

⑥ 其他软件包，如 Scan 软件，操作步骤相同，具体内容有些差别，可根据屏幕提示进行操作。

任务六　太阳电池银浆、铝浆测试

 **任务目标**

① 了解拉力计的使用方法。

② 掌握太阳电池浆料的附着力测试。

③ 掌握太阳电池铝浆的附着力检测方法。

【任务实施】

减反射膜、电极附着力（正面银栅线、背面银栅线、铝背场）测试：减反射膜和电极不脱落为合格。

减反射膜、铝背场附着力检验方法：用橡皮在电池的相应部位进行擦搓，20 个来回，使用 10 倍放大镜进行检查。

3.6.1　拉力计操作方法

数显推拉力计是一种高精度小型便携式拉力、压力测试仪器，广泛应用于高低压电器、电子、轻工、建筑、纺织、化工、机械、IT 等行业和科研机构做拉压负荷、插拔力测试、破坏性试验等，是数字型的新一代拉压力测试仪器。

SH 系列数显推拉力计有多种型号，如表 3-9 和图 3-68 所示。

表 3-9　SH 系列数显推拉力计规格型号

型号规格	SH-2k	SH-3k	SH-5k	SH-10k	SH-20k	SH-30k	SH-50k	SH-100k	SH-200k	SH-300k	SH-500k	SH-1000k	SH-2000k	SH-3000k
最大负荷值	2000N	3000N	5000N	10kN	20kN	30kN	50kN	100kN	200kN	300kN	500kN	1000kN	2000kN	3000kN
负荷分度值	1N	1N	1N	0.01kN	0.01kN	0.01kN	0.01kN	0.1kN	0.1kN	0.1kN	0.1kN	1kN	1kN	1kN
传感器结构	S 型高精度传感器(外置式)							柱形或轮辐式(外置式)				法兰式(外置式)		
精度	±0.5%							±1%						
外形尺寸	230mm×66mm×36mm													

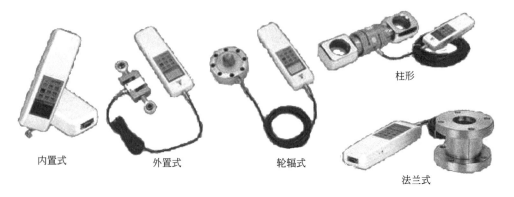

内置式　　　外置式　　　轮辐式　　　柱形　　　法兰式

图 3-68　数显推拉力计的类别

以 SH-100 型数显推拉力计为例，描述其操作方法。

测量前准备

• 检查电源电量是否充足。

• 安装测试头，选择适用的测试头附件或夹具并将它安装到测试杆上。

• 延长棒的使用：若安装治具后无法接触到被测试物时，可利用附属的延长棒来安装治具。使用延长棒测试时，被测物与数显推拉力计需在同一直线上，否则将无法测得正确的荷重值。

测量

• 按 ON/OFF 键开关电源，仪器自检完成后，仪器即可进入正常工作状态。

• 选择合适的测试模式（负荷实时值/峰值保持/峰值保持自动延时），按下"峰值"键显示"PEAK"字样，为峰值保持模式，"AUTO PEAK"为峰值保持自动延时解除模式。每按一次峰值键三种模式循环切换。

• 按下"单位"键切换测试力值的单位（N、kgf 和 lbf 三种）。

• 按下"设置"键可进行上下限值、最小采集值、自动关机时间、峰值自动解除时间等设置。

• 将推拉力计固定在测试机台上，测试时将被测试物和推拉力计成一条直线时再执行并读取其读数值。

注意事项及维护保养

• 在使用数显推拉力计的过程中，勿施加超过数显推拉力计最大测试范围的荷重，以免造成损坏或故障。

• 避免将指针式推拉力计保管或使用于低温、低湿、高温、高湿的环境中，其适宜使用环境应是：温度 [−10，50]℃，湿度 [15%，90%]。

• 不可用尖头工具按数显推拉力计的按钮。

• 不要用数显推拉力计测试杆弯曲或拧紧的方向用力。

• 不要使用已损坏或弯曲变形的夹具。

• 用柔软的布来清洁仪器，将干布浸入泡有清洁剂的水中，拧干后清除灰尘和污垢。不要使用易散发的化学物质，如挥发油、稀释剂、酒精等。

• 数显推拉力计不用时应放入数显推拉力计专用盒内，存放到固定区域，盒内禁止放置其他杂物。

• 如需改变数显推拉力计的存放位置，在拿动过程中应避免受到撞击或跌落等现象，应避免翻转或倒置等。

3.6.2 太阳电池浆料附着力测试

附着力是两种不同物质接触部分的相互吸引力，是分子力的一种表现。只有当两种物质的分子十分接近时才显现出来。

涂料与所涂敷的物体之间具有附着力，是对于漆膜与被涂物表面结合在一起的坚牢程度而言的。这种结合力是由漆膜中聚合物的极性基团与被涂物表面的极性基团相互作用而形成的。被涂物表面有污染或水分、漆膜本身有较大的收缩能力、聚合物在固化过程中相互交联而使极性基的数量减少等，均是导致漆膜附着力下降的因素。漆膜的附着力只能以间接的手段来测定。目前专门测定漆膜附着力的方法分为三大类型，即以划格法、划圈法为代表的综合测定法，以拉开法为代表的剥落试验法和用溶剂和软化剂配合使用的测试水试验法。

(1)太阳电池银浆附着力测试

测量原理

用 180°（或其他标准，例如 45°）剥离方法施加应力，使焊锡带对被黏材料黏接处产生特定的破裂速率所需的力。

试验步骤

① 加热烙铁温度达到 385℃，保持 2min 以上。使用的焊条需要在助焊剂中浸泡 5min 左右。如图 3-69 所示。

② 选定拉力实验用片，焊接开始的时候将烙铁在焊头保持 3s 左右时间，然后缓慢地开始焊接以保证焊条与电池片焊接性良好，不要在焊条上来回焊接。如图 3-70 所示。

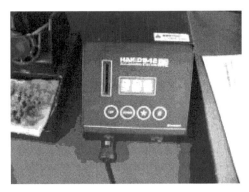

图 3-69　烙铁温度

图 3-70　焊接

③ 焊接完成后，把焊条多余的一头打一个节，方便拉力计能钩住焊条。如图 3-71 所示。

④ 取出拉力计，装上拉力计的拉钩，检查拉力计是否完好。如图 3-72 所示。

图 3-71　打节

图 3-72　装上拉力计

⑤ 打开拉力计，选择使用单位牛（N）并清零。如图 3-73 所示。

⑥ 把电池片压在工装板下面，焊条放置于两板之间，用拉力计钩住焊条一头，另外一只手按住两块工装板。如图 3-74 所示。

⑦ 做拉力实验的时候焊条与电池片水平面成 45°，拉的时候与工装板的一侧成水平，以保证拉力实验数据的真实性。如图 3-75 所示。

⑧ 记录附着力实验的数据是否达到 3N，焊条与电极是否有脱落现象，电池片脱落处是否是锯齿型。如图 3-76 所示。

图 3-73　拉力计清零

图 3-74　按住两块工装板

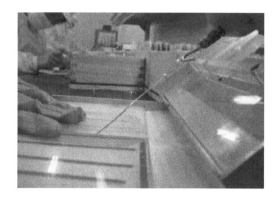

图 3-75　焊条与电池片水平面成 45°

图 3-76　记录

（2）太阳电池铝浆附着力测试

晶体硅太阳电池背面印刷有铝浆，烘干烧结后形成铝硅合金，采用拉开法测量铝浆与电池硅基体之间的附着力，使用的装置是拉力计。

试验步骤

① 准备实验用电池片：取正常工艺生产的太阳电池片作为抽样片。

② 层压：为节省钢化玻璃，采用双面层压，即按 TPT、EVA、硅片、EVA、钢化玻璃、EVA、硅片、EVA、TPT 的顺序叠层，虽然与正常工艺有一定的不同，对实验有一定的影响，但影响不大。在层压之前标注好组别类型及电极方向，以方便后续实验等级剥离。

③ 拉力实验：采用剥离机剥离层压好的硅片组件，剥离对象是宽度为 10mm 割开的 EVA 黏合条子，每张片子上、中、下拉三次。调整拉力计到自动峰值消除挡位，每秒记录一次拉力峰值，调节电机速度，保证实验拉开时间在 10s 以上，既保证实验的准确性，也保证数据记录的充分性。

实验要点

- 固定层压好的硅片不能太紧，防止压裂钢化玻璃。
- 夹具要夹牢条子，防止中途测试打滑，导致测试数据不准。
- 切开条子的时候，要控制好切割的位置，最好为夹具能夹牢并且容易挑头的位置。

● 实验中可能出现在拉开条子的时候里面有银铝电极，所以在切割的时候尽可能不要切到银铝电极，因为实验结果表明银铝电极会造成附着力测试结果偏大。

　　● 做实验时戴好棉手套，可以防止受伤。

复习与思考题

3-1　晶体硅太阳电池的转换效率与哪些光学、电学参数相关？

3-2　晶体硅太阳电池制造工艺中需要测试哪些参数？分别采用何种仪器进行测试？

模块 四

光伏组件检测技术

任务一　光伏组件生产流程分析

任务目标

① 了解光伏组件的结构。

② 了解光伏组件制作流程及质量控制标准。

【任务实施】

　　光伏组件又称太阳电池组件（Solar Cell module），是指具有封装及内部连接的、能单独提供直流电输出的、最小不可分割的光伏电池组合装置。光伏组件（俗称太阳电池板）由太阳电池片（整片的规格 125mm×125mm、156mm×156mm、124mm×124mm 等）或由激光切割机或钢线切割机切割开的不同规格的太阳电池组合在一起构成。由于单片太阳电池片的电流和电压都很小，所以把它们先串联获得高电压，再并联获得高电流后，通过一个二极管（防止电流回输）输出。并且把它们封装在一个不锈钢、铝或其他非金属边框上，安装好上面的玻璃及背面的背板，充入氮气、密封。整体称为组件，也就是光伏组件或说是太阳电池组件。图 4-1 为光伏组件。

4.1.1　制作流程分析

　　组件制作流程：经电池片分选→单焊接→串焊接→拼接（就是将串焊好的电池片定位，拼接在一起）→中间测试（中间测试分红外线测试和外观检查）→层压→削边→层后外观→层后红外→装框（一般为铝边框）→装接线盒→清洗→测试（此环节也分红外线测试和外观检查，判定该组件的等级）→包装。

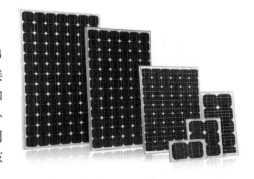

图 4-1　光伏组件

(1) 电池测试

由于电池片制作条件的随机性，生产出来的电池性能不尽相同，所以为了有效地将性能一致或相近的电池组合在一起，应根据其性能参数进行分类。电池测试即通过测试电池的输出参数（电流和电压）的大小，对其进行分类，以提高电池的利用率，做出质量合格的电池组件。

（2）正面焊接

将汇流带焊接到电池正面（负极）的主栅线上，汇流带为镀锡的铜带，使用的焊接机可以将焊带以多点的形式点焊在主栅线上。焊接用的热源为一个红外灯（利用红外线的热效应）。焊带的长度约为电池边长的2倍。多出的焊带在背面焊接时与后面的电池片的背面电极相连。

（3）背面串接

背面焊接是将电池串接在一起形成一个组件串，目前采用的工艺是手动的。电池的定位主要靠一个模具板，上面有放置电池片的凹槽，槽的大小和电池的大小相对应，槽的位置已经设计好，不同规格的组件使用不同的模板，操作者使用电烙铁和焊锡丝将"前面电池"的正面电极（负极）焊接到"后面电池"的背面电极（正极）上，这样依次串接在一起并在组件串的正负极焊接出引线。

（4）层压敷设

背面串接好且经过检验合格后，将组件串、玻璃和切割好的EVA、玻璃纤维、背板按照一定的层次敷设好，准备层压。玻璃事先涂一层试剂（primer），以增加玻璃和EVA的黏接强度。敷设时，保证电池串与玻璃等材料的相对位置，调整好电池间的距离，为层压打好基础（敷设层次由下向上：钢化玻璃、EVA、电池片、EVA、玻璃纤维、背板）。

（5）组件层压

将敷设好的电池放入层压机内，通过抽真空将组件内的空气抽出，然后加热使EVA熔化，将电池、玻璃和背板黏接在一起，最后冷却取出组件。层压工艺是组件生产的关键一步，层压温度及层压时间根据EVA的性质决定。快速固化EVA时，层压循环时间约为25min。固化温度为150℃。

（6）修边

层压时，EVA熔化后由于压力而向外延伸固化形成毛边，所以层压完毕应将其切除。

（7）装框

类似于给玻璃装一个镜框。给玻璃组件装铝框，增加组件的强度，进一步地密封电池组件，延长电池的使用寿命。边框和玻璃组件的缝隙用硅酮树脂填充。各边框间用角键连接。

（8）焊接接线盒

在组件背面引线处焊接一个盒子，以利于电池与其他设备或电池间的连接。

（9）高压测试

高压测试是指在组件边框和电极引线间施加一定的电压，测试组件的耐压性和绝缘强度，以保证组件在恶劣的自然条件（雷击等）下不被损坏。

（10）组件测试

测试的目的是对电池的输出功率进行标定，测试其输出特性，确定组件的质量等级。目前主要就是模拟太阳光的测试Standard test condition（STC），一般一块电池板所需的测试时间在7～8s左右。

4.1.2 材料构成

太阳电池组件构成及各部分功能如下。

（1）钢化玻璃

其作用为保护发电主体（如电池片），要求透光。其选用是有要求的：①透光率必须高（一般91%以上）；②超白钢化处理。

（2）EVA

用来黏结固定钢化玻璃和发电主体（如电池片）。透明EVA材质的优劣直接影响到组件的寿命，暴露在空气中的EVA易老化发黄，进而影响组件的透光率，进而影响组件的发电质量。除了EVA本身的质量外，组件厂家的层压工艺影响也是非常大的，如EVA胶连度不达标，EVA与钢化玻璃、背板黏接强度不够，都会引起EVA提早老化，影响组件寿命。

（3）电池片

主要作用就是发电，发电主体市场上主流的是晶体硅太阳电池片和薄膜太阳电池片，两者各有优劣。晶体硅太阳电池片，设备成本相对较低，但消耗及电池片成本很高，光电转换效率也高，在室外阳光下发电比较适宜。薄膜太阳电池，相对设备成本较高，但消耗和电池成本很低，光电转化效率相对晶体硅电池片一半多点，但弱光效应非常好，在普通灯光下也能发电，如计算器上的太阳电池。

（4）EVA

主要黏结封装发电主体和背板。

（5）背板

密封、绝缘、防水（一般都用TPT、TPE等材质，必须耐老化，大部分组件厂家质保都是25年，钢化玻璃、铝合金一般都没问题，关键在于背板和硅胶是否能达到要求）。

（6）铝合金

保护层压件，起一定的密封和支撑作用。

（7）接线盒

保护整个发电系统，起到电流中转站的作用。如果组件短路，接线盒自动断开短路电池串，防止烧坏整个系统。接线盒中最关键的是二极管的选用，根据组件内电池片的类型不同，对应的二极管也不相同。

（8）硅胶

密封作用，用来密封组件与铝合金边框、组件与接线盒交接处，有些公司使用双面胶条、泡棉来替代硅胶。国内普遍使用硅胶，工艺简单、方便，易操作，而且成本很低。

4.1.3 组件类型

（1）单晶硅

单晶硅太阳电池的光电转换效率为15%左右，最高的可达到24%，这是所有种类的太阳电池中光电转换效率最高的，但制作成本很多，以致它还不能被大量广泛和普遍地使用。由于单晶硅一般采用钢化玻璃以及防水树脂进行封装，因此其坚固耐用，使用寿命一般可达

15 年，最高可达 25 年。

（2）多晶硅

多晶硅太阳电池的制作工艺与单晶硅太阳电池差不多，但是多晶硅太阳电池的光电转换效率则要降低不少，其光电转换效率约 12% 左右。从制作成本上来讲，比单晶硅太阳电池要便宜一些，材料制造简便，节约电耗，总的生产成本较低，因此得到大量发展。此外，多晶硅太阳电池的使用寿命也要比单晶硅太阳电池短。从性能价格比来讲，单晶硅太阳电池略好。

（3）非晶硅

非晶硅太阳电池是 1976 年出现的新型薄膜式太阳电池，它与单晶硅和多晶硅太阳电池的制作方法完全不同，工艺过程大大简化，硅材料消耗很少，电耗更低，它的主要优点是在弱光条件也能发电。但非晶硅太阳电池存在的主要问题是光电转换效率偏低，国际先进水平为 10% 左右，且不够稳定，随着时间的延长，其转换效率逐渐衰减。

（4）多元化

多元化合物太阳电池指不是用单一元素半导体材料制成的太阳电池。各国研究的品种繁多，大多数尚未工业化生产，主要有以下几种：

① 硫化镉太阳电池；

② 砷化镓太阳电池；

③ 铜铟硒太阳电池（新型多元带隙梯度 $Cu(In，Ga)Se_2$ 薄膜太阳能电池）。

光伏组件是光伏电站的基本单位，它的性能直接关系到光伏电站的使用寿命，因此光伏组件的检测技术显得尤为重要。

任务二　光伏组件检测标准

任务目标

① 了解光伏组件检测的技术标准。

② 了解光伏组件外观检测技术参数。

③ 了解光伏组件力学性能检测标准。

④ 了解光伏组件电学性能检测标准。

【任务实施】

4.2.1　光伏组件技术标准

（1）外观

① 光伏组件的框架应整洁、平整，无毛刺，无腐蚀斑点。

② 组件的整体盖板应整洁、平直，无裂痕，组件背面不得有划痕、碰伤等缺陷。

③ 光伏组件的每片电池与互连条排列整齐，无脱焊，无断裂。

④ 组件内单片电池无碎裂，无裂纹，无明显移位。

⑤ 光伏组件的封装层中不允许气泡或脱层在某一片电池与组件边缘形成一个通路。

⑥ 光伏组件的接线装置应密封，极性标志应准确和明显，与引出线的连接应牢固可靠。

（2）光伏组件电气性能技术参数

对晶体硅光伏组件主要性能参数在标准测试条件（即大气质量 AM1.5、1000W/m² 的辐照度、25℃的电池工作温度）下提出如下要求。

① 峰值功率：标称峰值功率±3%。

② 寿命及功率衰减：光伏组件正常条件下的使用寿命不低于 25 年，在 10 年使用期内输出功率不低于 90%的标准功率，在 25 年使用期限内输出功率不低于 80%的标准功率。光伏组件第 1 年内输出功率衰减率≤3%，前 3 年内累计输出功率衰减 ≤5%。

③ 光伏组件质保期不少于 5 年。

（3）产品质量认证

① 光伏组件通过 TUV、UL、国内金太阳等相关认证。

② 光伏组件选用的关键部件和原材料（包括电池片、上盖板玻璃、后底板、边框、接线盒、封装材料、密封胶、电极引线、互连条等）、型号及厂家应与认证产品一致。

（4）绝缘要求

按照 IEC 61215—2005 中 10.3 条进行绝缘试验。要求在此过程中无绝缘击穿或表面破裂现象。测试绝缘电阻乘以组件面积应不小于 40MΩ·m²。

（5）机械强度测试

光伏组件的强度测试，应该按照 IEC 61215—2005 中太阳电池的测试标准 10.17 节中的测试要求，即可以承受直径 25mm±5%、质量 7.53g±5%的冰球以 23m/s 速度的撞击，并满足以下要求。

① 撞击后无如下严重外观缺陷：

a. 破碎、开裂或外表面脱附，包括上盖板、背板、边框和接线盒；

b. 弯曲、不规整的外表面，包括上盖板、背板、边框和接线盒的不规整，以至于影响到组件的安装和/或运行；

c. 一个电池的一条裂缝，其延伸可能导致一个电池 10%以上面积从组件的电路上减少；

d. 在组件边缘和任何一部分电路之间形成连续的气泡或脱层通道；

e. 丧失机械完整性，导致组件的安装和/或工作都受到影响。

② 标准测试条件下最大输出功率的衰减不超过实验前的 5%。

③ 绝缘电阻应满足初始试验的同样要求。

（6）表面最大承压

正、背面风载负荷≥2400Pa；正面雪载负荷≥5400Pa。

（7）工作温度范围

−40～+85℃。

（8）组件尺寸误差

±0.5mm。

光伏组件应设有能方便地与安装支架可靠连接的连接螺栓孔。

4.2.2　光伏组件各部件技术要求

（1）尺寸要求

① 光伏组件外形尺寸和安装孔的公差：±0.5mm。

② 光伏组件的电池片与片间距≥1mm，串与串间距≥1mm。

③ 电池片与金属边框的间距应符合 GB/T 20047.1—2006 所规定的 A 级要求。

（2）晶体硅太阳电池

① 光伏组件选用的电池片颜色应均匀一致，无机械损伤，焊点无氧化斑。

② 为减少光反射，提高输出功率，电池光照面应设置减反射膜。

③ 电池电极的热膨胀系数应与硅基体材料相匹配，有良好的导电性和可焊性，有效光照面积不小于 90%。

④ 电池焊点抗拉强度不小于 0.4N/mm²。

⑤ 电池片无挂浆，无裂纹，红外测试下无可见隐裂，细栅线断线≤0.5mm 不超过 3 条且不连续分布，无缺角和崩口，表面无明显色差。

（3）上盖板

本规范要求上盖板材料采用低铁钢化玻璃，钢化玻璃无崩裂，极浅划伤 L≤10mm 且不超过 3 条，平整度≤5%。要有良好的封装质量，上盖板内无杂质、无异物，气泡 ≤ 3mm² 且不超过 3 个。

（4）背板

光伏组件背板采用 TPT 复合膜，厚度不小于 0.35mm。TPT 无皱痕，无破损，表面干净。若有鼓泡，其拱起点高度 ≤ 0.2mm，数量不超过 3 个，并具备以下性能：

① 良好的耐气候性；

② 层压温度下不起任何变化；

③ 与黏接材料结合牢固。

（5）黏结剂

黏结剂与上盖板的剥离强度应大于 30N/cm²，与组件背板剥离强度应大于 15N/cm²。并应具有以下性能：

① 在可见光范围内具有高透光性；

② 良好的弹性；

③ 良好的电绝缘性能；

④ 能适用自动化的组件封装。

（6）边框

① 光伏组件要求采用金属边框，应便于组件与支架的连接固定。

② 外观整齐，无扭曲，无断裂，表面氧化均匀，表面无严重划伤。

（7）接线盒

① 接线盒的结构与尺寸应为电缆及接口提供保护，防止其在日常使用中受到电气、机械及环境的影响。

② 应配备相应的旁路二极管及其散热装置，防止热斑效应带来的影响，从而保护组件。

③ 所有的带电部件都应采用金属材料，以便在规定的使用过程中保持良好的机械强度、

导电性及抗腐蚀性。

④ 应密封防水、散热性好并连接牢固，引线极性标记准确、明显，采用满足 IEC 标准的电气连接。

⑤ 防护等级为 IP65。

⑥ 满足不少于 25 年室外使用的要求。

⑦ 接线盒的壁厚、空间、连接端子，爬电距离等特性均应满足 GB/T 20047.1—2006 的要求，引线和电气连接端子的极性应标记准确、明显，电性能应满足相应的电压和电流要求。

⑧ 采用工业防水耐温快速接插件，接插件的物理特性和电性能应符合 GB/T 20047.1—2006 的要求，满足不少于 25 年室外使用的要求。

(8) 组件引出线电缆

① 光伏组件应带有正负出线、正负极连接头和旁路二极管（防止组件热斑故障），其旁路二极管应当是可测量和可更换的。

② 光伏组件自带的串联所使用的电缆线应满足抗紫外线、抗老化、抗高温、防腐蚀和阻燃等性能要求，其电性能应满足系统电压和载流能力，并具有防潮、耐高低温和耐日照的要求。

任务三　光伏组件材料检测技术

任务目标

① 了解万能测试机原理与操作方法。

② 掌握面板玻璃检测技术。

③ 掌握 EVA 检测技术。

④ 掌握背板材料检测技术。

⑤ 掌握涂锡焊带检测技术。

⑥ 掌握接线盒检测技术。

【任务实施】

4.3.1　万能测试机原理与操作方法

常用的万能材料试验机有液压式、电子式等类型。

4.3.1.1　液压式万能材料试验机

材料试验机是测定材料力学性能的主要设备。常用的材料试验机有拉力试验机、压力试验机、扭转试验机、冲击试验机、疲劳试验机等，能兼做拉伸、压缩、弯曲等多种试验的试验机，称为万能材料试验机，简称万能机。供静力试验用的普通万能材料试验机，按其传递荷载的原理可分为液压式和机械式两类。现以 WE 系列为例，介绍液压万能机。其外观见图 4-2，结构简图见图 4-3。下面分别介绍其加载系统和测力系统。

图 4-2 WE 型液压万能机外观

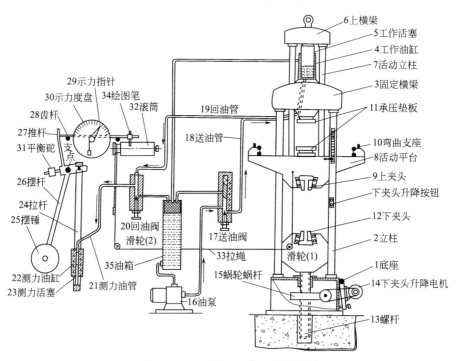

图 4-3 WE 型液压万能机结构简图

(1) 加载系统

在底座 1 上由两根固定立柱 2 和固定横梁 3 组成承载框架。工作油缸 4 固定于框架上。在工作油缸的活塞 5 上,支撑着由上横梁 6、活动立柱 7 和活动平台 8 组成的活动框架。当油泵 16 开动时,油液通过送油阀门 17,经送油管 18 进入工作油缸,把活塞 5 连同活动平台 8 一同顶起。这样,如把试样安装于上夹头 9 和下夹头 12 之间,由于下夹头固定,上夹头随活动平台上升,试样将受到拉伸。若把试样置放于两个承压垫板 11 之间,或将受弯试件置放于两个弯曲支座 10 上,则因固定横梁不动而活动平台上升,试样将分别受到压缩或弯曲。此外,试验开始前,如欲调整上、下夹头之间的距离,可开动电机 14,驱动螺杆 13,

便可使下夹头 12 上升或下降。但电机 14 不能用来给试样施加压力。

（2）测力系统

加载时，开动油泵电机，打开送油阀 17，油泵把油液送入工作油缸 4 顶起工作活塞 5 给试样加载；同时，油液经回油管 19 及测力油管 21（这时回油阀 20 是关闭的，油液不能流回油箱），进入测力油缸 22，压迫测力活塞 23，使它带动拉杆 24 向下移动，从而迫使摆杆 26 和摆锤 25 连同推杆 27 绕支点偏转。推杆偏转时，推动齿杆 28 做水平移动，于是驱动示力度盘 30 的指针齿轮，使示力指针 29 绕示力度盘的中心旋转。示力指针旋转的角度与测力油缸活塞上的总压力（即拉杆 24 所受拉力）成正比。因为测力油缸和工作油缸中油压压强相同，两个油缸活塞上的总压力成正比（活塞面积之比），因此示力指针的转角便与工作油缸活塞上的总压力，亦即试样所受载荷成正比，经过标定，便可使指针在示力度盘上直接指示载荷的大小。

试验机一般配有重量不同的摆锤，可供选择。对重量不同的摆锤，使示力指针转同样的转角，所需油压并不相同，即载荷并不相同。所以，示力度盘上由刻度表示的测力范围应与摆锤的重量相匹配。以 WE-300 试验机为例，它配有 A、B、C 三种摆锤。摆锤 A 对应的测力范围为 0～60kN，A＋B 对应 0～150kN，A＋B＋C 对应 0～300kN。

开动油泵电机，送油阀开启的大小可以调节油液进入工作油缸的快慢，因而可用以控制增加载荷的速度。开启回油阀 20，可使工作油缸中的油液经回油管 19 泄回油箱 35，从而卸减试样所受载荷。

试验开始前，为消除活动框架等的自重影响，应开动油泵送油，将活动平台略微升高。然后调节测力部分的平衡砣 31，使摆杆保持垂直位置，并使示力指针指在零点。

试验机上一般还有自动绘图装置。它的工作原理是，活动平台上升时，由绕过滑轮（1）和滑轮（2）的拉绳 33 带动滚筒 32 绕轴线转动，在滚筒圆柱面上构成沿周线表示载荷的坐标。这样，试验时绘图笔 34 在滚筒上就可自动绘出载荷-位移曲线。当然，这只是一条定性曲线，不是很准确的。

（3）操作规程及注意事项

① 根据试样尺寸和材料，估计最大载荷，选定相适应的示力度盘和摆锤重量。需要自动绘图时，事先应将滚筒上的纸和笔装妥。

② 先关闭送油阀及回油阀，再开动油泵电机。待油泵工作正常后，开启送油阀，将活动平台上升约 1cm，以消除其自重。然后关闭送油阀，调整示力度盘指针，使它指在零点。

③ 安装拉伸试样时，可开动下夹头升降电机以调整下夹头位置，但不能用下夹头升降电机给试样加载。

④ 缓慢开启送油阀，给试件平稳加载。应避免油阀开启过大，进油太快。试验进行中，注意不要触动摆杆或摆锤。

⑤ 试验完毕，关闭送油阀，停止油泵工作。破坏性试验先取下试样，再缓缓打开回油阀，将油液放回油箱。非破坏性试验，应先开回油阀卸载，才能取下试样。

4.3.1.2　电子万能材料试验机

电子万能材料试验机是采用各类传感器进行力和变形检测，通过微机控制的新型机械式试验机。由于采用了传感技术、自动化检测和微机控制等先进的测控技术，它不仅可以完成拉伸、压缩、弯曲、剪切等常规试验，还能进行材料的断裂性能研究以及完成载荷或变形循环、恒加载速率、恒变形速率、蠕变、松弛和应变疲劳等一系列静、动态力学性能试验。此外，它还具有测量精度高、加载控制简单、试验范围宽等特点，以及提供较好的人机交互界面，具备对整个试验过程进行预设和监控，直接提供试验分析结果和试验报告，试验数据和试验过程再现等优点。

现以 Instron5882 电子万能材料试验机（图 4-4）为例，简单介绍其构造原理和使用方法（图 4-5）。该机采用全数字化控制，配备载荷传感器、电子引伸计、光电位移编码器等传感器，机械加载部分采用直流伺服控制系统控制预应力滚珠丝杠，带动横梁移动。

图 4-4　Instron5882 电子万能材料试验机

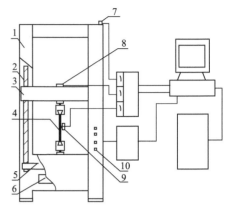

图 4-5　电子式万能材料试验机结构简图

1—主机；2—滚珠丝杠；3—活动横梁；4—齿轮传动机构；

5—伺服电机；6—试件；7—光电位移编码器；

8—力传感器；9—电子引伸计；10—点动控制按钮

（1）工作原理

在测试系统接通电源后，微机按试验前设定的数值发出横梁移动指令，该指令通过伺服控制系统控制主机内部的伺服电机转动，经过皮带、齿轮等减速机构后驱动左、右丝杠转动，由活动横梁内与之啮合的螺母带动横梁上升或下降。装上试样后，试验机可通过载荷、应变、位移传感器获得相应的信号，该信号放大后通过 A/D 进行数据采集和转换，并将数据传递给微机。微机一方面对数据进行处理，以图形及数值的形式在微机显示器上反映出来；另一方面将处理后的信号与初始设定值进行比较，调节横梁移动改变输出量，并将调整后的输出量传递给伺服控制系统，从而可达到恒速率、恒应变、恒应力等高要求的控制需要。

（2）操作方法

由于 Instron5882 电子万能材料试验机采用了全数字化控制技术，因此，其工作过程均通过软件操作来实现。下面结合常用的 Merlin 软件来介绍操作方法。

① 依次合上主机、控制器、计算机系统的电源，一般要求预热一会儿。

② 直接点击计算机桌面上的 Merlin 图标，打开软件，进入试验方法模式。如以前已编好了试验方法，可直接点击进入。如果没有，可点击最下方的 Merlin，查找合适的试验法。

③ 选定所要的试验方法后，输入相关的试验参数，如加载速率、试样尺寸、数据采集模式和所需试验结果等，最后存储方法。

④ 安装试样，检查设备的上下限保护是否设置正确。

⑤ 启动试验并注意观察，若发生意外，立即终止试验。

⑥ 试验完成后，存储试验数据，根据需要提供试验分析结果或打印试验报告。

⑦ 将主机的横梁回位，以免接着试验时，造成软件与主机连接不上。

⑧ 实验完毕，关闭 Merlin 软件，关闭计算机系统，关闭控制器，关闭主机电源，最后

切断总电源。

⑨ 清洁主机，填写设备使用记录。

4.3.2　面板玻璃检测技术

(1) 检验内容及方式

① 厂家，规格型号，包装，外观，钢化强度，厚度及尺寸，与 EVA 的剥离强度。

② 来料抽检，外观再生产过程全检。

(2) 检验工具

卷尺，卡尺，1040g 钢球。

(3) 材料

EVA，背板。

(4) 检验方法

① 包装目视良好，确认厂家、规格型号。

② 尺寸（长×宽×厚）：钢化玻璃标准厚度为 3.2mm，允许偏差 0.2mm，长宽允许偏差 0.5mm，对角允许偏差 0.7mm

③ 目视外观

a. 钢化玻璃允许每米边上有长度不超过 10mm、自玻璃边部向玻璃板表面延伸深度不超过 2mm、自板面向玻璃另一面延伸不超过玻璃厚度 1/3 的爆边。

b. 钢化玻璃内部不允许有长度小于 1mm 的集中气泡。对于长度大于 1mm 小于 6mm 的气泡，每平方米不得超过 6 个。

c. 不允许有结石、裂纹、缺角的情况发生。

d. 钢化玻璃表面允许每平方米内宽度小于 0.1mm、长度小于 50mm 的划伤数量不多于 4 条。每平方米内宽度范围为 0.1~0.5mm、长度小于 50mm 的划伤不超过 1 条。

e. 钢化玻璃不允许有波形弯曲，弓形弯曲不允许超过边长的 0.2%（将来料取样放置平台上，测量与台面距离最大的数值）。

④ 与 EVA 的剥离强度：同 EVA 剥离强度的检验方法相同。

⑤ 钢化强度：取来料六块样品试验，将玻璃放置测试架上，用钢球从距玻璃 1~1.2m 处，使钢球自由落在玻璃上，玻璃不碎裂为合格。

检验规则：以上内容全检，有一项不符合检验要求则重检。如仍有不符合②、③、④、⑤项检验内容，则判定该批为不合格来料。

4.3.3　EVA 检测技术

(1) 检验内容及方式

① 厂家，规格型号，包装，保质期（6 个月），外观，厚度均匀性，与玻璃和背板的剥离强度，交联度。

② 来料抽检，生产过程对剥离强度和交联度再抽检，外观再生产过程全检。

(2) 检验所需工具

卷尺，游标卡尺，壁纸刀，拉力计，剪刀，120 目丝网，交联度测试仪，烘箱，电子秤。

（3）所需材料

TPT 背板，小玻璃，二甲苯，抗氧化剂。

（4）检验方法

① 包装目视良好，确认厂家、规格型号以及保质期。

② 目视外观，确认 EVA 表面无黑点、污点，无褶皱、空洞等现象。

③ 根据供方提供的几何尺寸测量宽度 ±2mm，厚度 ±0.02mm。

④ 厚度均匀性：取相同尺寸的 10 张胶膜称重，然后对比每张胶膜的重量，最大值与最小值之间不得超过 1.5%。

⑤ 剥离强度：按厂家提供的层压参数层压后，测试 EVA 与玻璃、EVA 与背板的剥离强度（冷却后）。

a. EVA 与 TPT 的剥离强度：用壁纸刀在背板中间划开，宽度为 1cm，然后用拉力计拉开 TPT 与 EVA，拉力大于 35N 为合格。

b. EVA 与玻璃的剥离强度：方法同上，用拉力计一端夹住 EVA，另一端固定住玻璃，拉力大于 20N 为合格。

⑥ 交联度测试：见交联度测试方法，试验结果在 70%～85% 之间为合格。

（5）检验规则

以上内容全检，若有一项不符合检验要求则重检。如仍不符合检验方法中的②、⑤、⑥项内容，则判定该批来料为不合格。

4.3.4　背板材料检测技术

（1）检验内容及方式

① 厂家，规格型号，包装，保质期（1 年），外观，与 EVA 的黏接强度，背板层次的黏接强度。

② 来料抽检，生产过程对剥离强度和黏接强度再抽检，外观在生产过程全检。

（2）检验所需工具

卷尺，游标卡尺，壁纸刀，拉力计。

（3）所需材料

EVA，小玻璃。

（4）检验方法

① 包装目视良好，确认厂家、规格型号以及保质期。

② 目视外观，确认背板表面无黑点、污点，无褶皱、空洞等现象。

③ 根据供方提供的几何尺寸测量宽度 ±2mm，厚度 ±0.02mm。

④ 与 EVA 的黏接强度：方法同 EVA 与 TPT 的剥离强度。

⑤ 背板层次的黏接强度：用刀片划开背板夹层，夹紧一边，另一边用拉力计测试结果大于 20N。

（5）检验规则

以上内容全检，若有一项不符合检验要求则重检。如仍不符合检验方法中②、④、⑤项内容，则判定该批来料为不合格。

4.3.5　涂锡焊带检测技术

（1）检验内容及方式

① 厂家，规格，包装，保质期（6个月），外观，厚度均匀性，可焊性，折断率，蛇形弯度及抗拉强度。

② 每次来料全检（盘装），外观生产过程全检。

（2）检验所需工具

钢尺，游标卡尺，烙铁，老虎钳，拉力计。

（3）所需材料

电池片，助焊剂。

（4）检验方法

① 外包装目视良好，确认保质期限、规格型号及厂家。

② 外观：目视涂锡带表面是否存在黑点、锡层不均匀、扭曲等不良现象。

③ 厚度及规格：根据供方提供的几何尺寸检查，宽度在±0.12mm，厚度在±0.02mm范围内视为合格。

④ 可焊性：同电池片检验方法。

⑤ 折断率：取来料规格长度相同的涂锡带10根，向一个方向弯折180°，折断次数不得低于7次。

⑥ 蛇形弯度：将涂锡带拉出1m的长度紧贴直尺，测量与直尺最大的距离，最大值<3.5mm。

（5）检验规则

以上内容全检，若有一项不符合检验要求则重检。如仍不符合检验方法的②、④、⑤项内容，则判定该批来料为不合格。

4.3.6　接线盒检测技术

（1）检验内容及方式

① 厂家，规格型号，外观，连接器抗拉力，引线卡口咬合力，二极管管口咬合力，盒盖咬合力，二极管耐压测试。

② 来料抽检，生产过程跟踪检验。

（2）检验工具

拉力计，耐压测试仪。

（3）材料

涂锡带。

（4）检验方法

① 确认接线盒厂家、规格型号。

② 外观：检查外观有无缺陷、标识（应是不可擦拭的），及二极管数量和接线盒内部的缺陷。

③ 连接器抗拉力：将连接器接到接线盒上，然后夹住接线盒，用拉力器测试，拉力＞10N 为合格。

④ 引线卡口咬合力：将汇流带装进卡口，用拉力计夹住，施加拉力＞40N 为合格。

⑤ 盒盖咬合力：连续开关三次，仍需专用工具才能打开为合格。

⑥ 二极管耐压：用耐压测试仪测试（1000V DC）。

（5）检验规则

以上内容全检，有一项不符合检验要求则重检。如果仍有不符合检验方法中的②、③、④、⑤、⑥检验要求的，判定该批次为不合格来料。

任务四　光伏组件电学性能测试

任务目标

① 掌握光伏组件的 I-V 测试原理及操作方法。

② 掌握光伏组件绝缘性测试的操作方法。

【任务实施】

4.4.1　光伏组件 I-V 测试

（1）测试原理

光伏组件的 I-V 测试，目前通用的方法是把组件放在稳定的自然或模拟太阳光下，并保持一定的温度，连续测量电流、电压值，同时测定入射光辐照度，然后，将测得的数据修正到标准测试条件（STC）或其他所需的辐照度和温度条件，最后描绘出 I-V 测试。图 4-6 给出了光伏组件 I-V 测试原理图。

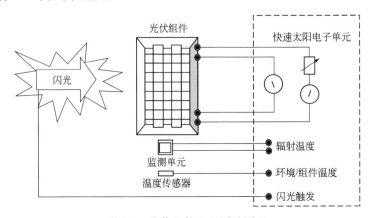

图 4-6　光伏组件 I-V 测试原理

标准测试条件（Standard Test Conditions，STC）：辐照度 $1000\mathrm{W/m^2}$，温度 $25\,^\circ\!\mathrm{C}$，大气质量数为 AM1.5。

（2）系统组成及测试方法

光伏组件 *I-V* 特性测试系统由三部分组成：数据采集单元、信号调理单元和软件处理单元。数据采集单元利用传感器采集各种信号，得到反映信号大小的模拟量；信号调理单元完成 A/D 转换、记录、显示和传输数据；数据处理单元对数据进行实时显示、数据分析、整理储存、打印报表及参数设置。

图 4-7　QS-540LA 组件测试仪

图 4-7 为 QS-540LA 组件测试仪。主要技术参数为：最大可测的组件尺寸为 $1350\mathrm{mm}\times2100\mathrm{mm}$，测试生产特性为 180 块/h。达到并超过 IEC60904-9/JIS8912 的 A 级标准：

Class A：光谱不匹配度＜±25%；

Class A：照度不均匀性＜±2%；

Class A：光照不稳定度＜±2%。

① 测试系统硬件　在太阳光模拟器下，光伏组件 *I-V* 测试特性曲线测试过程需要采集的参数有标准太阳电池短路电流及其温度、环境温度、光伏组件表面温度、直流电子负载两端电压、组件输出电流。通过监测标准太阳电池的短路电流，确定辐照强度，同时采集组件和标准太阳电池的温度，以确保测试过程在标准测试条件下进行。当在自然光下进行测试时，还应采集太阳总辐射、散射辐射、直接辐射，以及风速、风向等数据，为以后分析环境因素对转换效率的影响积累数据。

② 系统软件　系统软件包括系统操作、系统设置和数据库三大模块。开启系统软件，首先设置通信方式，使信号调理电路与计算机联机，然后设置系统时间、测试项的修正系数和传感器灵敏度。系统操作模块可以在软件界面上显示实时测试数据，查看测试电路中数据存储量，将其录入软件数据库，并清零存储器。录入软件数据库中的数据经过软件分析整理，可以获得光伏组件 *I-V* 特性曲线及开路电压、短路电流、最大功率等主要参数，数据库中的数据也可导出为 Excel 文档。

③ 测试过程

a. 检测太阳模拟器的不均匀度和不稳定度（A 级不大于±2%），并对温度传感器、辐射传感器等传感器件进行标定、校准，同时在信号调理电路中设置修正参数，以减小测量误差。

b. 将标准太阳电池的有效面与被测组件的有效面放置在同一平面，且该平面的法线与光束的中心线平行，偏差小于±5°。

c. 在模拟阳光下测试时，要通过温度控制系统将环境温度设置并保持在 25℃（待测组件应当在这一环境中放置 12h 以上），并监测标准太阳电池的短路电流，当达到标准测试条件的辐照度时，开始测试。

d. 在单片机的控制下调节直流电子负载，使等效阻值从 0 变化到无穷大，同时采集组件输出电压将从 0 变到 V_{oc}，输出电流从 I_{sc} 变到 0，信号调理电路自动采集存储测试数据。

e. 将信号调理电路采集记录的数据录入电脑，进行软件分析和整理，得到电池组件在标准测试条件下的 I-V 特性曲线。

若在自然光下测试，环境温度和阳光辐照度无法控制，应当选择环境温度和阳光辐照度尽量接近标准测试条件时进行测试（辐照度不低于 $800~W/m^2$，测试期间不稳定度不大于±1%）。

4.4.2 光伏组件绝缘性测试

(1) 检验前准备

测试用具：耐压绝缘测试仪；水槽；接线端子、延长线、铁块；水桶、水杯。

图 4-8 和图 4-9 给出了 TOS9201 设备的简单结构。

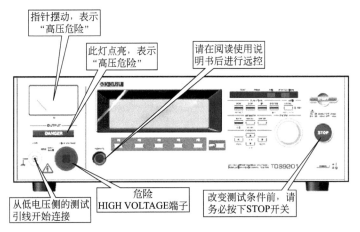

图 4-8 前面板（TOS9201）

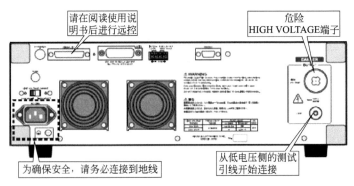

图 4-9 背面板（TOS9201）

(2) 实验方法

① 接线 将光伏组件接线盒伸出的正负两根线用接线端子分别延长，再连接两条延长

线的正负极，该正负极的连接处即为一个极 A；置一金属块（如铁块）在光伏组件旁边，作为另一个电极 B。在活动部分和可接触的导电部分以及活动部分和暴露的不导电的表面间的绝缘性和间距应该能承受 2 倍于系统电压加上 1000V 的直流电压，并且两部分间的漏电电流不能超过 $50\mu A$。电压施加于两个电极之间。

注意： 对于额定电压小于等于 30V 的电池板系统，施加电压为 500V。以稳定均匀的速率在 5s 的时间里逐步升到试验时所需的电压，并维持这一电压直到泄漏电流稳定的时间，至少为 1min。

② 测试项目

a. 干绝缘测试用金属薄膜将光伏组件全部裹住，绝缘测试仪输出端接电极 A，回路端接电极 B，电压加至 3000V DC，观察测试仪上漏电电流：不超过 $50\mu A$。

b. 湿绝缘测试

（a）光伏组件的正面绝缘测试 光伏组件正面朝下，水槽中的水刚好没过正面，浸水 10min；电极（铁块）放入太阳能板旁水中，绝缘测试仪的输出端接电极 A，回路端接电极 B；电压 3000V DC，观察测试仪上漏电电流：漏电电流大于标准值（绝缘标准 $40M\Omega \cdot m^2$）。

（b）光伏组件的背面绝缘测试 光伏组件正面朝下，倾斜 30°，背板内部盛水少许（不可沾湿接线盒），用上述方法观察漏电电流：漏电电流大于标准值（绝缘标准 $40M\Omega \cdot m^2$）。

（c）接线盒与背板黏合的绝缘测试 光伏组件正面朝下，背面槽内装水，浸湿背膜及接线盒底部硅胶黏合处，用上述方法测试绝漏电电流：漏电电流大于标准值（绝缘标准 $40M\Omega \cdot m^2$）。

（d）接线盒的绝缘测试 用喷壶淋湿接线盒，尤其是二极管处，再用上述方法测试：大于标准值（绝缘标准 $40M\Omega \cdot m^2$）。

（e）接线端子的绝缘测试 用喷壶淋湿接线端子，将接线端子平放于铝框上，再用上述方法测试（采取的方法是将接线端子用水淋湿，之后浸入电池板旁边的水中，浸泡一段时间之后再测量漏电流大小）：漏电电流大于标准值（绝缘标准 $40M\Omega \cdot m^2$）。

任务五 光伏组件温度参数测试

① 了解光伏组件温度系数的测定方法。
② 了解光伏组件额定工作温度的测定方法。

【任务实施】

4.5.1 温度系数的测定

(1) 目的

从组件试验中测量其电流温度系数（α）、电压温度系数（β）和峰值功率温度系数（δ）。如此测定的温度系数，仅在测试中所用的辐照度下有效。参见 IEC 60904-10 对组件在不同辐照度下温度系数评价。

（2）装置

需要下列装置来控制和测量试验条件：

① 后续试验继续使用的光源（自然光或符合 IEC 60904-9 的 B 类或更好的太阳模拟器）；

② 一个符合 IEC60904-2 或 IEC60904-6 的标准光伏器件，已知其经过与绝对辐射计校准过的短路电流与辐照度特性；

③ 能在需要的温度范围内改变测试样品温度的设备；

④ 一个合适的支架，使测试样品与标准器件在与入射光线垂直的相同平面；

⑤ 一个监测测试样品与标准器件温度的装置，要求温度测试准确度为±1℃，重复性为±0.5℃；

⑥ 测试测试样品与标准器件电流的仪器，准确度为读数±0.2%。

（3）程序

有两种可接受的测量温度系数的程序。

① 自然光下的程序

a. 仅在满足下列条件时才能在自然光下进行测试：

- 总辐照度至少达到需要进行测试的上限；
- 瞬时振荡（云、薄雾或烟）引起的辐照度变化应小于标准器件测出总辐照度的 2%；
- 风速小于 2m/s。

b. 安装标准器件与测试组件共平面，使太阳光线垂直（±5°内）照射两者，并连接到需要的设备上。

以下条款描述的测试应尽可能快地在同一天的一两个小时内完成，以减少光谱变化带来的影响。如不能做到，则需要进行光谱修正。

c. 如果测试组件及标准器件装有温度控制装置，将温度设定在需要的值。

d. 如果没有温度控制装置，要将测试样品和标准器件遮挡阳光和避风，直到其温度均匀，与周围环境温度相差在±1℃以内，或允许测试样品达到一个稳定平衡温度，或冷却测试样品到低于需要测试温度的一个值，然后让组件自然升温。在进行测量前，标准器件温度应稳定在其平衡温度的±1℃以内。

e. 记录样品的电流-电压曲线和温度，同时记录在测试温度下标准器件的短路电流和温度。如需要可在移开遮挡后立即进行测试。

f. 辐照度 G_0 可根据 IEC 60891 从标准光伏器件的短路电流（I_{sc}）测试值进行计算，并修正到标准测试条件下的值（I_{rc}），使用标准器件特定的温度系数（α_{rc}）进行标准器件温度 T_m 的修正。

$$G_0 = \frac{1000\mathrm{W} \cdot \mathrm{m}^{-2} \times I_{sc}}{I_{rc}} \times [1 - \alpha_{rs}(T_m - 25℃)]$$

式中，α_{rc} 是 25℃ 和 1000W·m^{-2} 下的相关温度系数，1/℃。

g. 通过控制器或将测试组件交替曝晒和遮挡来调整组件的温度，使其达到和保持所需的温度。也可让测试组件自然加热，如 d 条款所描述的数据记录程序在加热过程中周期性的应用。

h. 在每组数据记录期间，确保测试组件和标准器件的温度稳定，其变化在±1℃以内，由标准器件测量的辐照度变化在±1%以内。所有数据记录应在 1000W·m^{-2} 或转换到该辐照度的值。

i. 重复步骤 d 到 h，组件温度在 30℃所关心的温度范围内，至少有 4 个相等温度间隔。每个试验条件至少进行 3 次测试。

② 太阳模拟器下的程序

a. 根据 IEC 60904-1 确定组件在室温及要求的辐照度下的短路电流。

b. 将测试组件安装在改变温度的设备中，安装标准光伏器件到模拟器光束内，连接到使用仪器上。

c. 将辐照度设定在如 a 条款确定的测试组件的短路电流上。使用标准光伏电池使整个试验期间的辐照度维持在该水平。

d. 加热或冷却组件到适当的一个温度，一旦组件达到需要的温度就进行 I_{sc}、V_{oc} 和峰值功率的测量。在至少 30℃感兴趣温度范围上，以大约 5℃的温度步长改变组件的温度，重复测试 I_{sc}、V_{oc} 和峰值功率的测量。

在每个温度可测量完整的电流-电压特性，以确定随温度变化的最大工作点电压和最大工作点电流。

(4) 计算温度系数

① 绘制 I_{sc}、V_{oc} 和 p_{max} 与温度的函数图，利用最小二乘法拟合曲线，使曲线穿过每一组数据。

② 从最小二乘法拟合的电流、电压和峰值功率的直线斜率，计算短路电流温度系数 α、开路电压温度系数 β 和最大功率温度系数 δ。

注意　① 根据 IEC 60904-10 确定试验组件是否可以认为是线性组件。

② 使用该程序测量的温度系数仅在测试的辐照度水平上有效。相对温度系数可用百分数表示，等于计算的 α、β 和 δ 除以 25℃时的电流、电压和最大功率值。

③ 因为组件的填充因子是温度的函数，使用 α 和 β 的乘积不足以表示最大功率的温度系数。

4.5.2　额定工作温度的测定

(1) 目的

测定组件的额定工作温度（标称工作温度，NOCT）。

(2) 条件

标称工作温度定义为在下列标准参考环境（SRE），敞开式支架安装情况下，太阳电池的平均平衡结温：

① 与水平面夹角成 45°；

② 总辐照度 800W·m⁻²；

③ 环境温度 20℃；

④ 风速 1m/s；

⑤ 电负荷为零（开路）。

系统设计者可用标称工作温度作为组件在现场工作的参考温度，因此在比较不同组件设计的性能时，该参数是一个很有价值的参数。然而组件在任何特定时间的真实工作温度取决于安装的方式、辐照度、风速、环境温度、天空温度、地面和周围物体的反射辐射与发射辐射。为准确预测组件的性能，上述因素的影响应该考虑进去。

测定标称工作温度有两种方法。

第一种称为"基本方法",普遍用于所有光伏组件。在组件不是设计为敞开式支架安装时,用制造厂所推荐的方法安装,基本方法仍可测定其在标准参考环境中平衡平均太阳电池结温。

第二种称为"间接方法(参考平板法)",比第一种方法更快,但仅能应用于与试验时所用的参考平板有同样环境(在一定的风速和辐照度范围内)温度响应的光伏组件。带有前玻璃和后塑料的晶体硅组件属于此类。参考平板的校准采用与基本方法相同的程序。

(3) 基本方法

① 原理　在标准参考环境所描述的环境条件范围内,该方法收集电池试验的真实温度数据。数据给出的方式,允许精确和重复地确定标称工作温度。太阳电池结温(T_J)基本上是环境温度(T_{amb})、平均风速(V)和入射到组件有效表面的太阳总辐照度(G)的函数。温度差($T_J - T_{amb}$)在很大程度上不依赖于环境温度,在 $400W \cdot m^{-2}$ 的辐照度以上,基本上线性正比于辐照度。在风速适宜期间,试验要求做($T_J - T_{amb}$)相对于 G 的曲线,取辐照度为标准参考环境辐照度 $800W \cdot m^{-2}$ 值时的($T_J - T_{amb}$)值,再加上 20℃,即可得到初步的标称工作温度值。最后把依赖于测试期间的平均温度和风速的一个校正因子加到初步的标称工作温度中,将其修正到 20℃ 和 1m/s 时的值。

② 装置

a. 敞开式支架,它以特定方式支撑被试验组件和辐照度计。该支架应该设计为对组件的热传导最小,并且尽可能小地干扰组件前后表面的热辐射。如组件不是设计为敞开式支架安装,应按制造厂推荐的方式安装。

b. 辐照度计,安装在距试验方阵 0.3m 内组件的平面上。

c. 能测量至 0.25m/s 风速和风向的设备,安装在组件上方 0.7m,距组件靠东或西 1.2m 处。

d. 一个温度传感器,具有与组件相近或更短的时间常数,安装在遮光、通风良好且靠近风速传感器之处。

e. 电池温度传感器,或国家标准认可的测量电池温度的其他设备,焊在或用有良好导热性能的胶粘在每一个试验组件中部两片电池的背面。

f. 具有测量温度准确度±1℃的数据采集系统,在不大于 5s 的间隔内,记录下列参数:辐照度、环境温度、电池温度、风速、风向。

③ 试验组件的安装

倾角:使试验组件前表面面向赤道,与水平面的倾角为 45°±5°。

高度:试验组件的底边应高于当地水平面或地平面 0.6m 以上。

排列:为了模拟组件安装在一个方阵中的热边界条件,试验组件应安装在一个平面阵列内,该平面阵列在试验组件平面的各个方向上延伸至少 0.6m。对于随意固定、敞开式安装的组件,应该用黑色铝板或其他同样设计的组件来填充平面阵列的剩余表面。

周围区域:在当地太阳正午前后 4h 内,组件周围没有遮挡物,可以得到充分的太阳辐照。安装组件的周围地面应是平坦的,或是试验架位于坡顶部,并且对阳光无特殊的高反射率。在试验现场周围有草、其他植物、黑色的沥青或脏迹等是允许的。

④ 程序

a. 按③的要求安装组件等装置,确保试验组件开路。

b. 选一无云、少风晴朗的天，记录下列参数为时间的函数：电池的温度、环境温度、辐照度、风速和风向。

c. 剔出在下列情况下记录的数据：

- 辐照度低于 $400\text{W} \cdot \text{m}^{-2}$；
- 在 10min 期间记录辐照度变化从最大值到最小值超过 10% 以上之后 10min 间隔；
- 风速在 $1\text{m/s} \pm 0.75\text{m/s}$ 范围以外；
- 环境温度在 $20℃ \pm 15℃$ 范围以外，或变化超过 5℃；
- 在风速超过 4m/s 的疾风之后 10min 内；
- 风向在东或西 $\pm 20°$ 范围内。

d. 至少选 10 个可采用的数据点，覆盖 $300\text{W} \cdot \text{m}^{-2}$ 以上的辐照度范围，确保包含当地正午前后的数据，做（$T_\text{J} - T_\text{amb}$）随辐照度变化的曲线，通过这些数据点用回归分析做拟合。

e. 确定在 $800\text{W} \cdot \text{m}^{-2}$ 时的（$T_\text{J} - T_\text{amb}$）值，加上 20℃ 即给出标称工作温度的初步值。

f. 使用可采用的数据点，计算平均环境温度 T_amb、平均风速 V，并从图 4-10 中定出适当的修正因子。

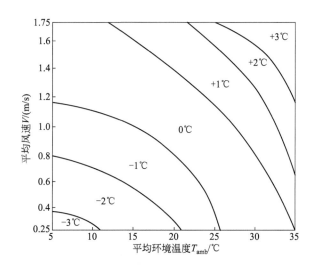

图 4-10　标称工作温度校正因子

g. 修正因子与初步的标称工作温度之和即为组件的标称工作温度值，它是校正到 20℃ 和 1m/s 时的值。

h. 在另外两天重复上述程序，取 3 个标称工作温度的平均值，即得到每个试验组件的标称工作温度。

（4）参考平板法

① 原理　本方法的原理是在相同的辐照度、环境温度和风速条件下比较标准参考平板和试验组件的温度。在标准参考环境下参考平板的稳态温度，由（3）所描述的基本方法测定。

先把试验组件和参考平板的温度差修正到标准参考环境，再将此值加上标准参考环境下参考平板的平均稳态温度，即得到试验组件的标称工作温度。实验已证明，温度差对辐照度的涨落、环境温度和风速的小的变化不敏感。

② 参考平板　参考平板由硬质铝合金制成，尺寸见图 4-11，前表面应涂刷亚光黑漆，背表面应涂刷亮光白漆。应由达到准确度要求的仪器测量参考平板的温度。采用两组热电偶进行测量的方法见图 4-11，将距热电偶结点 25mm 内的绝缘材料去除后，用导热性能好的电绝缘胶黏剂将热电偶分别粘入刻出的槽内，最后将两个热电偶剩余部分粘入一个槽内。所测定的稳态温度应在 46~50℃ 范围内，三个平板温度相差不大于 1℃。如果测得参考平板的温度相差超过 1℃，在试验标称工作温度之前，应调查其原因，并做相应的修正。

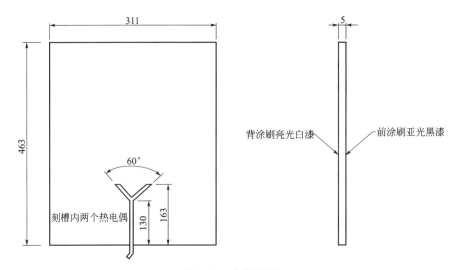

图 4-11　参考平板

③ 试验地点　选择一周围建筑、树木和地形地貌对风几乎不干扰的平整的地点，应避免试验平板背后地面或物体的不均匀反射。

④ 装置

a. 参考平板的数量按要求比同时试验的组件数目多一个。

b. 一个辐照度计或标准太阳电池。

c. 一个敞开式支架，支撑试验组件、参考平板和辐照度计，使试验组件前表面面向赤道，与水平面的倾角为 45°±5°。每个组件的两侧紧挨着参考平板，组件的底边距地面约为 1m。该支架应该设计为对组件和参考平板的热传导最小，并且尽可能少地影响组件前后表面的热辐射。

d. 能测量至 0.25m/s 风速和风向的设备，安装在组件上方 0.7m，距组件靠东或西 1.2m 处，如图 4-12 所示。

e. 一个环境温度传感器，具有与组件相近或更短的时间常数，安装在遮光、通风良好的盒内、靠近风速传感器之处。

f. 电池温度传感器，或国家标准规定的测量电池温度的其他设备，焊在或用有良好导热性能的胶粘在每一个试验组件中部两片电池的背面。

g. 具有测量温度准确度 ±1℃ 的数据采集系统，在不大于 5s 的间隔内，记录下列参数：辐照度、环境温度、电池温度、风速、风向、参考平板温度、准确度（标称工作温度的总准确度为 ±1K）。

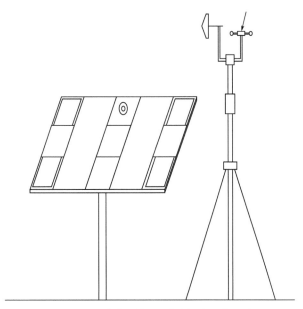

图 4-12　用参考平板法测量标称工作温度

⑤ 程序

a. 如图 4-12 所示，安装好装置、组件和参考平板，确保试验组件开路。

b. 选一无云、少风、晴朗的天，记录下列参数为时间的函数：试验组件电池的温度、参考平板的温度、辐照度、环境温度、风速和风向。

c. 剔出在下列条件中，或该情况发生后 15min 之内记录的数据：

- 辐照度低于 $750\mathrm{W\cdot m^{-2}}$，或高于 $850\mathrm{W\cdot m^{-2}}$；
- 一个数据记录时辐照度变化超过 $\pm40\mathrm{W\cdot m^{-2}}$；
- 2m/s 以上的风速持续 30s 以上；
- 风速低于 0.5m/s 时；
- 风向在东或西 $\pm20°$ 范围内；
- 参考平板之间温度差超过 1℃ 时。

d. 对选定期间的数据点，计算所有参考平板的平均温度 T_P。

e. 对每一个组件，对选择期间内的每个数据点：

（a）取电池的平均温度为 T_J，并计算

$$\Delta T_\mathrm{JP} = T_\mathrm{J} - T_\mathrm{P} \tag{1}$$

如果 ΔT_JP 的变化超过 4℃，则不能采用参考平板法。

（b）取所有 ΔT_JP 的平均值，即给出 ΔT_JPm。

（c）做如下的计算，将 ΔT_JPm 修正到标准参考环境：

$$\Delta T_\mathrm{JPm}（已修正的） = (f/BR) \times \Delta T_\mathrm{JPm}（未修正的） \tag{2}$$

式中，f 为辐照度校正因子，等于 800 除以所选定时间内的平均辐照度；B 为环境温度校正因子，从所选定的时间内的平均环境温度 T_amb，利用表 4-1 而得到（利用平均环境温度和校正因子的线性关系来推算 B 是允许的）；R 为风速修正因子，从所选定的时间内的平均风速，利用图 4-13 来得到。

（d）用下式计算试验组件的标称工作温度：

表 4-1 平均环境温度和校正因子的关系

$T_{amb}/℃$	B	$T_{amb}/℃$	B
0	1.09	30	0.96
10	1.05	40	0.92
20	1.00	50	0.87

$$标称工作温度 = T_{PR} + \Delta T_{JPm}（已修正的） \tag{3}$$

式中，T_{PR} 是参考平板在标准参考环境下平均稳态温度。

f. 在另外两天重复上述程序，取三个标称工作温度的平均值即得到每个试验组件的标称工作温度。

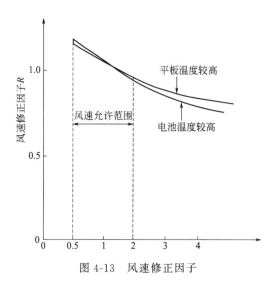

图 4-13 风速修正因子

任务六 光伏组件抗老化能力测试

① 掌握室外暴露试验的测试方法。

② 掌握热斑耐久试验的测试方法。

③ 了解紫外试验的测试方法。

④ 了解热循环试验的方法。

⑤ 了解湿冷/湿热环境试验方法。

【任务实施】

4.6.1 室外曝露试验

将光伏组件暴露在高湿和高紫外线辐照场地时具有有效的抗衰减能力。将组件样品放在 65℃、光谱约 6.5 的紫外太阳下辐照，最后检测其光电特性，看其下降损失。

（1）目的

初步评价组件经受室外条件曝晒的能力，并可使在实验室试验中可能测不出来的综合衰减效应揭示出来。

这个试验只能作为可能存在问题的指示。

（2）装置

① 太阳辐照度仪，准确度优于±5%。

② 制造厂推荐的安装组件的设备，使组件与辐照度仪共平面。

③ 一个组件在标准测试条件工作于最大功率点附近的合适负载。

（3）程序

① 将电阻性负载与组件相连，用制造厂所推荐的方式安装在室外，与辐照度监测仪共平面。在试验前应安装制造厂所推荐的热斑保护设备。

② 在 GB/T 4797.1 所规定的一般室外气候条件下，用监测仪测量，使组件受到的总辐射量为 $60kW \cdot h \cdot m^{-2}$。

（4）试验

重复外观检查、最大功率确定和进行绝缘试验。

（5）要求

① 无严重外观缺陷。

② 最大输出功率衰减应不超过试验前测量值的 5%。

③ 绝缘电阻应满足初始试验的同样要求。

4.6.2 热斑耐久试验

热斑效应可导致电池局部烧毁，形成暗斑、焊点熔化、封装材料老化等永久性损坏，是影响光伏组件输出功率和使用寿命的重要因素，甚至可能导致安全隐患。因此，IEC 61215：2005《地面用晶体硅光伏组件设计鉴定和定性》专门设置了热斑耐久试验，以考核光伏组件经受热斑加热效应的能力。热斑耐久试验过程包括最坏情况的确定、5 小时热斑试验以及试验后的诊断测量，分为以下四个步骤。

（1）选定最差电池

由于受到检测时间和成本的限制，热斑耐久试验不能针对组件中的每一个电池进行。因此，正式试验之前先比较和选择热斑加热效应最显著的电池。具体方法是，在一定光照条件下，将组件短路，依次遮挡每个电池，被遮光后稳定温度最高者为最差电池片。电池温度可以用热成像仪等仪器测量。对于串联-并联-串联连接方式的大型组件，标准允许随机选择其中 30% 的电池进行比较。

对于串联和串联-并联连接方式的组件，IEC 61215 标准给出了两种快速的方法。

第一种方法是：将组件短路，不遮光，直接寻找稳定工作温度最高的电池。

第二种方法是：将组件短路，依次遮挡每个电池，选择遮光后组件短路电流减少最大的电池。

这里推荐采用第二种方法，主要是考虑到测量短路电流精度较高，测量结果可以用于下一个步骤的判断，而且短路电流跟失谐电池消耗的功率有直接关系。

（2）确定最坏遮光比例

选定最差电池之后，还要确定在何种遮光比例下热斑的温度最高。即用一组遮光增量为 5% 的不透明盖板，逐渐减少对该电池的遮光面积，监测电池被遮部位背面的稳定温度，看何时达到最高温度。目前最常见的电池规格有 156mm×156mm 和 125mm×125mm 两种，因此实验室需要准备两组不透明盖板。

以上两个步骤所使用的辐射源，可以是稳态太阳模拟器或自然阳光，辐照度不低于 700W/m²，不均匀度不超过 ±2%，瞬时稳定度在 ±5% 以内。如果气候条件允许，可优先选择自然阳光。南方的实验室在这方面优势明显。以深圳为例，根据气象局统计，年太阳辐射量平均为 5225MJ/m²，年日照时数平均为 2060h，可计算平均太阳辐射强度为 705W/m²。另外，低纬度地区的太阳辐射季节分配相对均匀。实测数据表明，深圳冬季的太阳辐射强度，晴天正午前后仍可达 850W/m² 以上。这种太阳辐射条件，同样适宜进行光伏组件的另外一个试验项目——电池额定工作温度（NOCT）的测量。

（3）5 小时热斑耐久试验

标准要求辐射源为 C 类或更好的稳态太阳模拟器或自然阳光，其辐照度为 1000W/m² ±10%。实际上自然阳光很难在 5 小时的长时间内保持 10% 的稳定度，因此须采用稳态太阳模拟器。光谱近似日光的氙灯是最佳选择，全光谱金卤灯也可以满足光谱要求。须注意灯阵列的设计，使测试平面的辐照不均匀度小于 ±10%；同时配备稳压电源，保证试验期间辐照不稳定度小于 10%。

（4）试验后的诊断测量

组件经过热斑耐久试验之后，首先进行外观检查，对任何裂纹、气泡或脱层等情况进行记录或照相。如果发现严重外观缺陷，则视为不合格。如果存在外观缺陷但不属于严重外观缺陷，则对另外两块电池重复热斑耐久试验。试验后不再发现外观缺陷，则算合格。此外，组件在标准试验条件下的最大输出功率 P_m 的衰减不能超过 5%；绝缘电阻应满足初始试验的同样要求。

解决热斑效应问题的通常做法，是在组件上加装旁路二极管。通常情况下，旁路二极管处于反偏压，不影响组件正常工作。当一个电池被遮挡时，其他电池促其反偏成为大电阻，此时二极管导通，总电池中超过被遮电池光生电流的部分被二极管分流，从而避免被遮电池过热损坏。光伏组件中一般不会给每个电池配一个旁路二极管，而是若干个电池为一组配一个。此时被遮挡电池只影响其所在电池组的发电能力。

4.6.3 紫外试验

（1）目的

在组件进行热循环/湿冻试验前进行紫外（UV）辐照预处理，以确定相关材料及粘连连接的紫外衰减。

（2）装置（图4-14）

① 在经受紫外辐照时能控制组件温度的设备，组件的温度范围必须在60℃±5℃。

② 测量记录组件温度的装置，准确度为±2℃。温度传感器应安装在靠近组件中部的前或后表面。如果同时试验的组件多于一个，只需监测一个代表组件的温度。

③ 能测试照射到组件试验平面上紫外辐照度的仪器，波长范围为280～320nm和320～385nm，准确度为±15％。

④ 紫外辐射光源，在组件试验平面上其辐照度均匀性为±15％，无可探测的小于280nm波长的辐射，能产生根据标准规定的关注光谱范围内需要的辐照度。

图4-14　光伏组件紫外老化测试箱

（3）程序

① 使用校准的辐射仪测量组件试验平面上的辐照度，确保波长在280～385nm的辐照度不超过250W·m^{-2}（约等于5倍自然光水平），且在整个测量平面上的辐照度均匀性达到±15％。

② 安装开路的组件到在步骤①选择位置的测量平面上，与紫外光线相垂直。保证组件的温度范围为60℃±5℃。

③ 使组件经受波长在280～385nm范围的紫外辐射为15kWh·m^{-2}，其中波长为280～320nm的紫外辐射至少为5kWh·m，在试验过程中维持组件的温度在前面规定的范围。

（4）测试

重复外观检查、最大功率确定和进行绝缘试验。

（5）要求

应满足下列要求：

- 无严重的外观缺陷；
- 最大输出功率的衰减不超过试验前测试值的5％；
- 绝缘电阻应满足初始试验同样的要求。

4.6.4　热循环试验

将组件放置于有自动温度控制、内部空气循环的气候室内，使组件在−40～85℃之间循环规定次数，并在极端温度下保持规定时间，监测实验过程中可能产生的短路和断路、外观缺陷、电性能衰减率、绝缘电阻等，以确定组件由于温度重复变化引起的热应变能力。

（1）目的

确定组件承受由于温度重复变化而引起的热失配、疲劳和其他应力的能力。

（2）装置

① 一个气候室，有自动温度控制，使内部空气循环和避免在试验过程中水分凝结在组

件表面的装置，而且能容纳一个或多个组件进行热循环试验。

② 在气候室中有安装或支撑组件的装置，并保证周围的空气能自由循环。安装或支撑装置的热传导应小，因此实际上应使组件处于绝热状态。

③ 测量和记录组件温度的仪器，准确度为±1℃。温度传感器应置于组件中部的前或后表面。如多个组件同时试验，只需监测一个代表组件的温度。

④ 在试验过程中能对组件加以标准测试条件下最大功率点电流的仪器。

⑤ 在试验过程中监测通过每一个组件电流的仪器。

(3) 程序

① 在室温下将组件装入气候室。如组件的边框导电不好，将其安装在一金属框架上来模拟敞开式支撑架。

② 将温度传感器接到温度监测仪，将组件的正极引出端接到提供电流仪的正极，负极连接到其负极。在200次热循环试验中，对组件施加标准测试条件下最大功率点电流±2%。仅在组件温度超过25℃时保持流过的电流。50次的热循环试验不要求施加电流。

③ 关闭气候室，按图4-15的分布，使组件的温度在−40℃±2℃和+85℃±2℃之间循环。最高和最低温度之间温度变化的速率不超过100℃/h，在每个极端温度下，应保持稳定至少10min。除组件的热容量很大，需要更长的循环时间外，一次循环时间不超过6h。

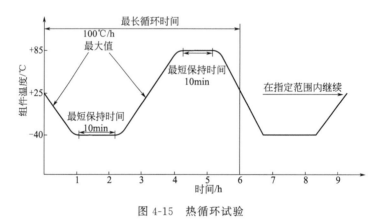

图4-15 热循环试验

④ 在整个试验过程中，记录组件的温度，并监测通过组件的电流。

有并联电路的组件如果其中一路断开，会引起电压或电流的不连续，但不会导致其为零。

(4) 试验

在至少1h的恢复时间后，重复外观检查、最大功率确定和进行绝缘试验。

(5) 要求

- 在试验过程中无电流中断现象。
- 无严重外观缺陷。
- 最大输出功率的衰减不超过试验前测试值的5%。
- 绝缘电阻应满足初始试验同样的要求。

4.6.5 湿冷/湿热环境试验

将组件放置于有自动温度控制、内部空气循环的气候室内，使组件在一定温度和湿度条件下往复循环，保持一定的恢复时间，监测实验过程中可能产生的短路和断路、外观缺陷、电性能衰减率、绝缘电阻等，以确定组件承受高温高湿和低温低湿的能力。

（1）湿冷环境试验

① 目的　确定组件承受高温、高湿之后以及零下温度影响的能力。本试验不是热冲击试验。

② 装置

a. 一个气候室，有自动温度和湿度控制，能容纳一个或多个组件进行湿冷循环试验。

b. 在气候室中有安装或支撑组件的装置，并保证周围的空气能自由循环。安装或支撑装置的热传导应小，因此实际上应使组件处于绝热状态。

c. 测量和记录组件温度的仪器，准确度为±1℃。如多个组件同时试验，只需监测一个代表组件的温度。

d. 在整个试验过程中，监测每一个组件内部电路连续性的仪器。

③ 程序

a. 将温度传感器置于组件中部的前表面或后表面。

b. 在室温下将组件装入气候室。

c. 将温度传感器接到温度监测仪。

d. 关闭气候室，使组件完成如图 4-16 所示的 10 次循环。最高和最低温度应在所设定值的±2℃以内，室温以上各温度下，相对湿度应保持在所设定值的±5％以内。

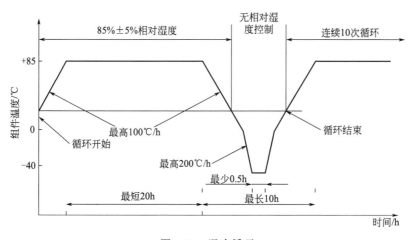

图 4-16　湿冷循环

e. 在整个试验过程中，记录组件的温度。

④ 试验　在 2～4h 的恢复时间后，重复绝缘试验，再重复外观检查和最大功率确定的试验。

⑤ 要求

● 无严重外观缺陷。

● 最大输出功率的衰减不超过试验前测试值的 5％。

● 绝缘电阻应满足初始试验同样的要求。

（2）湿热环境试验

① 目的　确定组件承受长期湿气渗透的能力。

② 程序　试验应根据 IEC 60068-2-78，并满足以下规定。

③ 预处理　将处于室温下没有经过预处理的组件放入气候室中。

④ 严酷条件　在下列严酷条件进行试验：

- 试验温度：85℃±2℃；
- 相对湿度：85%±5%；
- 试验时间：1000h。

⑤ 试验　组件经受时间为 2～4h 恢复期后，重复绝缘试验，再重复外观检查和最大功率确定的试验。

⑥ 要求

- 无严重外观缺陷。
- 最大输出功率的衰减不超过试验前测试值的 5%。
- 绝缘电阻应满足初始试验同样的要求。

任务七　光伏组件机械强度试验

任务目标

① 掌握引出端强度试验方法。
② 了解扭曲试验方法。
③ 掌握机械载荷试验方法。
④ 了解冰雹试验的方法。
⑤ 了解湿冷/湿热环境试验方法。

【任务实施】

4.7.1　引出端强度试验

(1) 目的
确定引出端及其与组件体的附着是否能承受正常安装和操作过程中所受的力。

(2) 引出端类型
考虑三种类型的组件引出端：

- A 型，直接自电池板引出的导线；
- B 型，接线片、接线螺栓、螺钉等；
- C 型，接插件。

(3) 程序
预处理：在标准大气条件下进行 1h 的测量和试验。

① A 型引出端

拉力试验　如 GB/T 2423.29 Ua 的试验所述，满足下列条件：

- 所有引出端均应试验；
- 拉力不能超过组件重量。

弯曲试验 如 GB/T 2423.29 Ub 的试验所述，满足下列条件：

- 所有引出端均应试验；
- 实施 10 次循环（每次循环为各相反方向均弯曲一次）。

② B 型引出端

拉力和弯曲试验

a. 对于引出端暴露在外的组件，应与 A 型引出端的试验一样，试验所有引出端。

b. 如果引出端封闭于保护盒内，则应采取如下程序（图 4-17 为引出端测试系统）：将组件制造厂所推荐型号和尺寸的电缆切为合适的长度，依其推荐方法与盒内引出端相接，利用所提供的电缆夹小心将电缆自密封套的小孔中穿出。盒盖应牢固放置原处，再按 A 型引出端的试验方法进行试验。

转矩试验 如 GB/T 2423.29 Ud 的试验所述，满足下列条件：

- 所有引出端均应试验；
- 严酷度 1。

除永久固定的指定设计外，螺帽、螺丝均应能开启。

图 4-17 引出端测试系统

③ C 型引出端 将组件制造厂推荐型号和尺寸的电缆切为合适的长度，与接插件线盒输出端相接，然后按与 A 型引出端相同的试验方法进行试验。

应满足下列要求：

- 无机械损伤现象；
- 最大输出功率的衰减不超过试验前测试值的 5%；
- 绝缘电阻应满足初始试验同样的要求。

4.7.2 扭曲试验

(1) 目的

检查组件安装于非理想结构上有可能造成的隐患。

(2) 设计满足标准

设计应符合或优于 GB/T 18911—2002 10.15 与 GB/T 9535—1998 10.15 组件扭曲试验中关于试验设备的要求。

(3) 设备配置（图 4-18）

① 扭曲角的装置可实时显示扭曲度数及绝对变形量（mm）。

② 各类型尺寸组件均需能固定。

③ 试验架为不锈钢型材制作。

④ 品牌电脑。

⑤ LDS 精密测控系统。

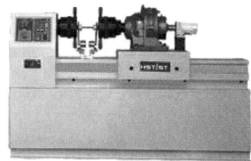

图 4-18　扭曲试验机

（4）技术规格

① 可测组件尺寸不小于 2600mm×2200mm（厚度不超过 20cm）。

② 组件其中 3 个角的水平位置可以任意调整（固定）。

③ 平台承重不小于 400kg。

④ 扭曲角可上下调整高度 30cm（相对水平精确到 0.1cm）。扭曲度数显示 0.10。

⑤ 最大试验力 500N（可根据客户提供的样品实际做试验或者由客户提供最大试验力值）。

⑥ 组件其中 3 个角同时加载试验力运行。

⑦ LDS 测量系统加载试验力实时测量变形量，精度为 0.1mm。

⑧ 平板电脑控制。

（5）通过标准

① 试验后没有明显的机械损伤，按照外观检查的内容和方法再次检查，不应有外观缺陷。

② 标准测试条件下最大输出功率的衰减不超过试验前的 5%。

③ 绝缘电阻应满足初始测量时的同样要求。

4.7.3　机械载荷试验

在组件表面逐渐加载，监测实验过程中可能产生的短路和断路、外观缺陷、电性能衰减率、绝缘电阻等。

（1）目的

确定组件承受风雪、冰雹等静态载荷的能力。

（2）器具及材料

如表 4-2 所示。

表 4-2　器具及材料

器具		材料	
名称	数量	名称	数量
支架	1 套	待测组件/玻璃	若干
组件功率测试仪	1 台	水槽	1 个
水泵	1 台	数码相机	1 个

（3）准备工作

① 装备好组件，以便于试验过程中连续监测其内部电路的连续性。

② 将待试验的组件安装于支架上。

(4) 测试

① 在组件前表面逐渐加大负荷到 2400Pa，使其均匀分布，保持此负荷 1h。

② 在背表面重复上述步骤。

③ 再次在组件前表面逐渐加大负荷到 5400Pa，使其均匀分布，保持此负荷 1h，观察铝边框的变形情况。

(5) 通过标准

① 在试验中组件无间歇断路现象。

② 试验后组件无破碎、开裂或表面脱附。

③ 没有丧失机械完整性，导致组件的安装或工作受到影响。

④ 试验后组件在标准测试条件下最大输出功率的衰减不超过试验前测试值的 5%。

⑤ 绝缘电阻应满足初始试验的同样要求：

a. 对于面积小于 $0.1m^2$ 的组件绝缘电阻不小于 $400M\Omega$；

b. 对于面积大于 $0.1m^2$ 的组件，测试绝缘电阻乘以组件面积应不小于 $40M\Omega \cdot m^2$。

4.7.4　冰雹试验

将冰雹从不同角度以一定动量撞击组件，检测组件产生的外观缺陷、电性能衰减率。

(1) 目的

确定组件抗冰雹撞击的能力。

(2) 装置

① 用于浇铸所需尺寸冰球的合适材料的模具。标准直径为 25mm，对特殊环境可用表 4-3 所列其他尺寸。

表 4-3　冰球质量与试验速度

直径/mm	质量/g	试验速度/m·s^{-1}	直径/mm	质量/g	试验速度/m·s^{-1}
12.5	0.94	16.0	45	43.9	30.7
15	1.63	17.8	55	80.2	33.9
25	7.53	23.0	65	132.0	36.7
35	20.7	27.2	75	203.0	39.5

② 一台冷冻箱，控制在 $-10℃\pm5℃$ 范围内。

③ 一台温度在 $-4℃\pm2℃$ 范围内的储存冰球的存储容器。

④ 一台发射器，驱动冰球以所限定速度（可在 $\pm5\%$ 范围内）撞击在组件指定的位置范围内。只要满足试验要求，冰球从发射器到组件的路径可以是水平、竖直或其他角度。

⑤ 一坚固支架以支撑试验组件，按制造厂所描述的方法安装，使碰撞表面与所发射冰球的路径相垂直。

⑥ 一台天平，测定冰球质量，准确度为 $\pm2\%$。

⑦ 一台测量冰球速度的设备，准确度为 $\pm2\%$，速度传感器距试验组件表面 1m 以内。

作为一个例子，图 4-19 示出一组适合的装置，包括水平气动发射器、垂直支撑组件的安装和测速器（用电子技术测量冰球穿过两光束间距离所用时间来测量其速度）。其他设备如弹射器、弹簧驱动装置等。

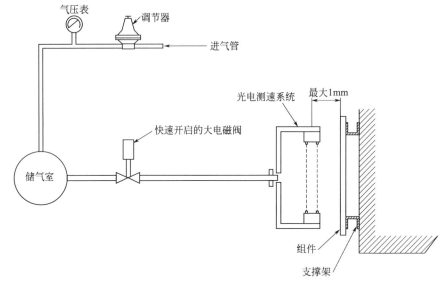

图 4-19　冰雹试验设备

（3）程序

① 利用模具和冷冻箱制备足够试验所需尺寸的冰球，包括初调发射器所需数量。

② 检查每个冰球的尺寸、质量及是否碎裂，可用冰球应满足如下要求：

- 肉眼看不到裂纹；
- 直径在要求值±5％范围内；
- 质量在表 4-3 中相应标称值±5％范围内。

③ 使用前，置冰球于储存容器中至少 1h。

④ 确保所有与冰球接触的发射器表面温度均接近室温。

⑤ 用下述步骤⑦的方法对模拟靶试验发射几次，调节发射器，使前述位置上的速度传感器所测定的冰球速度在表 4-3 中冰雹相应试验速度的±5％范围内。

⑥ 室温下安装组件于前述的支架上，使其碰撞面与冰球的路径相垂直。

⑦ 将冰球从储存容器内取出放入发射器中，瞄准表 4-4 指定的第一个撞击位置并发射。冰球从容器内移出到撞击在组件上的时间间隔不应超过 60s。

表 4-4　撞击位置

撞击编号	位　　　置
1	太阳能光伏夹层玻璃组件窗口一角,距边 50mm 以内
2	太阳能光伏夹层玻璃组件一边,距边 12mm 以内
3、4	单体电池边沿上,靠近电极焊点
5、6	在组件窗口上,距组件在支架上的安装点 12mm 以内
7、8	电池间最小空间上的点
9、10	在组件窗口上,距第 7 次和第 8 次撞击位置最远的点
11	对冰雹撞击最易损坏的任意点

⑧ 检查组件的碰撞区域，标出损坏情况，记录下所有看得见的撞击影响。与指定位置偏差不大于10mm是可接受的。

⑨ 如果组件未受损坏，则对表4-4中其他撞击位置重复步骤⑦和⑧，如图4-20所示。

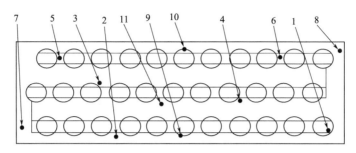

图4-20　撞击位置示意图

（4）最后试验

重复外观检查、最大功率确定和进行绝缘试验。

（5）要求

应满足下列要求：

- 无严重外观缺陷；
- 最大输出功率的衰减不超过试验前测试值的5%；
- 绝缘电阻应满足初始试验的同样要求。

任务八　光伏组件 PID 测试

任务目标

① 了解电位诱发衰减试验方法。

② 了解目前的PID测试标准。

【任务实施】

随着光伏组件大规模使用一段时间后，特别是越来越多的投入运营的大型光伏电厂运营三四年后，业界对光伏组件的电位诱发衰减效应（PID，Potential Induced Degradation）的关注越来越多。尽管尚无明确的由PID原因引发光伏电站在工作三、四年后发生大幅衰减的报道，但对一些电站工作几年后就发生明显衰减现象的原因的种种猜测，使光伏行业对PID的原因和预防方法的讨论越来越多。一些国家和地区已逐步开始把抗PID作为组件的关键要求之一。很多日本用户明确要求把抗PID写入合同，并随机抽检。欧洲也跃跃欲试提出同样的要求。此趋势也使得国内越来越多的光伏电站业主单位、光伏电池和组件厂、测试单位和材料供应商对PID的研究越来越深入。组件PID的形成原理如图4-21所示。

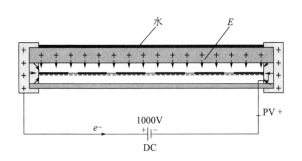
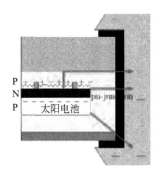

图 4-21　组件 PID 形成和漏电流形成的原理

4.8.1　PID 的测试方式

(1) PID 测试的两种加速老化方式

① 在特定的温度、湿度下，在组件玻璃表面覆盖铝箔、铜箔或者湿布，在组件的输出端和表面覆盖物之间施加电压一定的时间。

② 在 85% 湿度、85℃或者是 60℃ 或 85℃ 的环境下，将 1000V 直流电施加在组件输出端和铝框上 96h。

在两种方式测试前，都对组件进行功率、湿漏电测试并 EL 成像。老化结束后，再次进行功率、湿漏电测试并 EL 成像。将测试前后的结果进行比较，从而得出 PID 在设定条件下的发生情况。第一种方式比较多地用于实验机构，而后一种方式比较多地被光伏组件厂采用。当 PID 现象发生时，从 EL 成像可以看到部分电池片发黑。光伏组件在上述两种测试方式下表现出的 EL 成像图是不同的。第一种方式条件下，发黑的电池片随机地分布在组件内，而在第二种方式中，电池片发黑的现象首先在靠近铝框处发生。

(2) 测试准备

① 对组件进行接地处理（图 4-22）

图 4-22　组件接地处理示意图

② 组件连接，使得边框和组件正负极之间形成需要的偏压（图 4-23）

③ 在设定的温度、湿度和偏压条件下进行测试，测试顺序如图 4-24 所示。

4.8.2　IEC 关于 PID 测试规范

目前 IEC 尚没有出台有关实验室进行 PID 测试和评估的正式标准，但有一个工作文件，

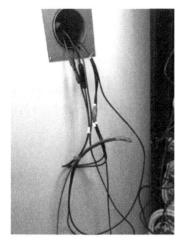

图 4-23　组件连接示意图

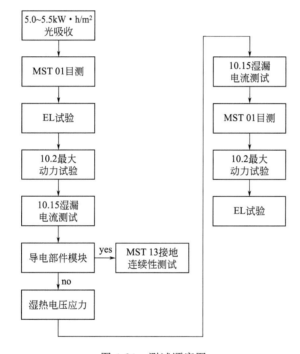

图 4-24　测试顺序图

大致测试方式如下。

① 取样：按 IEC 60410 要求，从相同批次中抽取 2 个组件。

② 消除组件早期衰减效应，组件开路进行 5～5.5kW·h/m² 辐照。

③ 目测：按 IEC 61215 章节 7，IEC 61730-2 章节 10.1.3。

④ 组件 EL 成像和最大功率测定。

⑤ 湿漏电流测试和接地连续性测试。

⑥ 60℃±2℃，85%±5%，系统电压施加在组件输出端和铝框之间 96h。

⑦ 组件 EL 成像和最大功率测定、湿热电流测定。

⑧ 合格判定依据为：

a. 最大功率与初始值比衰减不超过 5%；

 b. 没有目测不合格现象；

 c. 湿漏电流测试符合标准；

 d. 试验结束后组件功能完整。

现在，越来越多的组件用户要求组件能通过 85℃±2℃、湿度 85%±5% 的测试。这个要求对组件厂而言是非常有挑战的，关键在于真正的量产，而不是做一两块可以通过双 85 测试的组件。

复习与思考题

4-1　简述光伏组件的检测项目。

4-2　查阅资料，总结影响光伏组件输出的因素。

光伏系统部件及光伏电站检测技术

任务一　光伏组件阵列检测技术

任务目标

① 掌握光伏组件阵列的外观检测内容。

② 掌握光伏组件串的测试项目。

③ 了解光伏阵列的功率测试方法。

④ 掌握光伏电站性能测试的常用仪器的使用方法。

【任务实施】

5.1.1　光伏组件串主要测试项目

（1）外观检查

检查光伏组件的电池片有无裂纹、缺角和变色；面板玻璃有无破损、污物；光伏组件上下层和接线盒有无脱层现象；边缘有无气泡；边框和接线盒有无损伤或是变形，组件是否有生锈等。

检查光伏组件阵列是否安装牢固、平整、美观，光伏组件之间的连线是否接触良好，引线的绝缘层是否有损坏等。

（2）光伏组件串测试

测试前，所有光伏组件应按照设计文件数量和型号组串并接引完毕，测试时，太阳辐照度宜在高于或等于 $700W/m^2$ 的条件下进行，并应符合下列要求。

① 测试光伏组件串的极性应正确。光伏组件在组串过程中会出现插接头反装，从而导致光伏组件串的极性反接的情况，需要在测试过程中认真检测。为了安全起见和防止设备损坏，极性测试一般在其他测试前进行。测试前，应关闭所有的开关，再测量每个光伏组件串的开路电压。比较测量值和预期值，以判断光伏组件连接是否正确。

② 相同测试条件下的相同光伏组件串之间的开路电压偏差不应大于 2%，但最大偏差不

应超过5V。

一般情况下，光伏组件串中的光伏组件的规格和型号都是相同的，在相同的测试条件下进行测试，其电压偏差不应太大。如果电压偏差大于2％或最大偏差大于5V，应对光伏组件串内的光伏组件进行检查，必要时可进行更换调整。通常由36片或72片太阳电池封装而成光伏组件，其开路电压约为21V或42V（不同类型的光伏组件略有不同）。这些光伏组件串联起来，总的开路电压应是21V或42V的整数倍（光伏组件串联数目较多时，开路电压很高，测量时应注意安全）。如果光伏组件串的开路电压测量值低于预期值，则有可能是一个或多个光伏组件的极性错误，或者绝缘等级低，或者导管和接线盒损坏或有积水等。如果开路电压测量值高于预期值并偏差较大，则可能是接线错误引起的问题。对于开路电压测量值与预期值偏差较大的情况，可逐个检查光伏组件的开路电压及连接情况，找出故障。

对于多个相同的光伏组件串，应在稳定的辐照度下对光伏组件串之间的电压进行比较，误差应在5％范围内。对于非稳定的辐照度条件，可以采用延长测试时间；用多个仪表，一个仪表测量一个光伏组件串；用辐照表来标定当前读数等方法进行测试。

③ 在发电情况下应使用钳形万用表对光伏组件串的电流进行检测。相同测试条件下且辐照度不应低于$700\mathrm{W/m^2}$时，相同光伏组件串之间的电流偏差不应大于5％。

在并网状态下，使用钳形万用表（图5-1）直接测量光伏组件串的电流，直观且安全，并能通过此种测量方法发现光伏组件串之间的电流差异，从而发现存在的问题。光伏组件串的短路电流应基本符合设计要求，如果偏差较大，则有可能是某块光伏组件性能较差，应予以更换调整。

对于多个相同的光伏组件串，应在稳定的辐照度下对光伏组件串之间的电流进行比较，误差应在5％范围内。对于非稳定的辐照度条件，可以采用延长测试时间；用多个仪表，一个仪表测量一个光伏组件串；用辐照表来标定当前读数等方法进行测试。

光伏组件串的并联应在确认各个光伏组件串的开路电压基本相同后进行，并联后的光伏方阵的开路电压基本不变，但总的短路电流应大体等于各个光伏组件串短路电流之和。

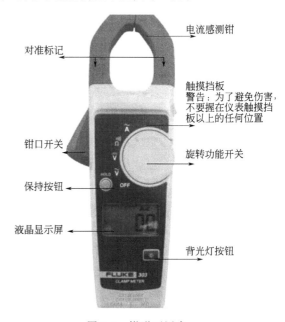

图5-1　钳形万用表

④ 光伏组件串电缆温度应无超常温等异常情况。如果光伏组件串连接电缆的温度过高，应检查回路是否有短路现象发生。

⑤ 光伏组件串测试完毕后，应按规范格式填写记录。

（3）光伏方阵功率测试

光伏方阵现场功率的测试可以采用由第三方检测机构校准过的光伏方阵测试仪（图5-2），对光伏方阵支路的I-V特性曲线进行抽测，抽检比例不得低于30％。从I-V特性曲线中可以得到该支路的最大输出功率。

光伏方阵功率测试时，需要稳定的光照，辐照度要求$500\mathrm{W/m^2}$以上。在稳定光照情况下，光伏方阵功率测量值偏差应在 5% 范围内。

如果没有光伏方阵测试仪，也可以通过在现场测试光伏发电系统直流侧的工作电压和工作电流得到实际的直流输出功率。

以 HT I-V400 现场 I-V 曲线测试仪（图 5-3）为例，可以测量由多块太阳电池片组成的太阳电池组件，进行直流 1000V 以下的太阳电池组件/组串的输出电压测量和直流 10A 以下的太阳电池组件/组串的输出电流测量。太阳电池组件/组串的温度测量，用参考太阳电池来测量太阳辐照度。太阳电池组件/组串的最大输出功率测量，用倾角计估算组件表面的太阳照射角。用四线测量法得到 I-V 曲线的图像和数据。测量结果与标准条件下的参数值进行比较，得出 OK 或 NO 的结论。同时可用内部存储器记录测试的数据，采用 USB/光耦合电脑连接接口，可将数据连接至电脑。

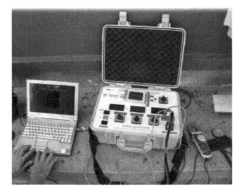

图 5-2　PV-8150 型光伏阵列 I-V 特性分析测试仪　　　　图 5-3　HT I-V400 测试仪

5.1.2　组件阵列的接地性能测试

检查接地系统是否连接良好，有无松动。连接线是否有损伤。所有接地是否为等电位连接。

（1）触电保护和接地检查
至少应该包括如下内容。

① B 类漏电保护：漏电保护器应确认能正常动作后才允许投入使用。

② 为了尽量减少雷电感应电压的侵袭，应尽可能地减小接线环路面积。

③ 光伏方阵框架应对等电位连接导体进行接地。等电位体的安装应把电气装置外露的金属及可导电部分与接地体连接起来。所有附件及支架都应采用导电率至少相当于截面为 35mm² 铜导线导电率的接地材料，和接地体相连，接地应有防腐及降阻处理。

④ 光伏并网系统中的所有汇流箱、交直流配电柜、并网功率调节器柜、电流桥架应保证可靠接地，接地应有防腐及降阻处理。

对于电气系统，特别是室外的电气装置，防雷是必须要考虑的，而对于防雷系统的核心要求就是对接地电阻的要求。因此对太阳能光伏发电系统来说，对其进行接地电阻的设计安装和测试都是非常重要的，如屋顶电站。

（2）接地的测试原理
给接地装置（接地极或接地网）施加一个电流，测量出接地极（网）上的电压，电压与电流相除，就得到了接地电阻。如图 5-4 所示。

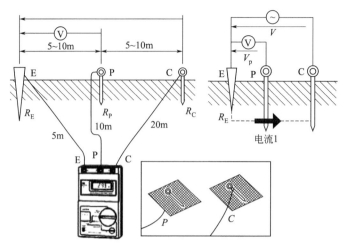

图 5-4　接地的测试原理图

这里以型号为 GEO416 或 M71（图 5-5）接地测试仪为例进行接地测试说明。两者都可以进行两线、三线（图 5-6 和图 5-7）的接地电阻测量，GEO416 更可提供四线测量（图 5-8），并可测量接地电阻率。测量范围 $0.01\Omega \sim 50\mathrm{k}\Omega$。仪器还可对干扰电压和测试电压进行补偿功能，以保证测试准确。

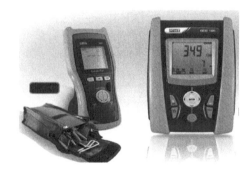

图 5-5　HT 公司的型号为 GEO416 或 M71 接地测试仪

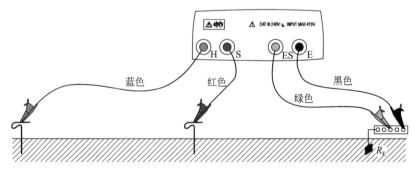

图 5-6　最基本的三线测试方法（两辅助地桩）

测试模式：EARTH 2W 两线接地电阻测量（图 5-9）与 EARTH 3W 三线接地电阻测试（图 5-10 和图 5-11）。一般会使用三线接地电阻测试模式，它的测量数值更加准确。

EARTH 2W 模式调零：按下 CAL 键后，仪器执行对测试电缆的零电阻设定（此过程大约需要 30s），电缆电阻未达到 2W 时可以校准通过。

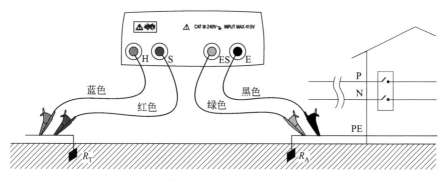

图 5-7 近似的两线测试方法（1 辅助地桩）

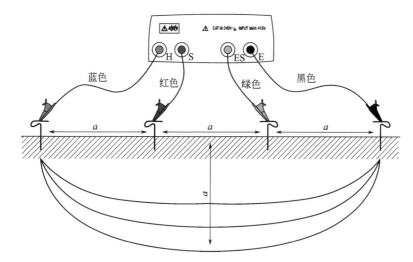

图 5-8 接地电阻率测量，四线测量

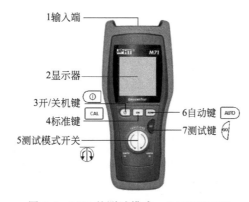

图 5-9 M71 的测试模式—EARTH 3W

三线接地电阻测试流程如下。

① 通过箭头键选择 EARTH—3W 功能。

② 连接红色、蓝色和绿色测试线到仪器输入端（图 5-12）。在所有的测量方式期间，仪器将保持相同测量面貌。任何电缆的延长和更换以及其他鳄鱼夹的增加，可能抵消以前的零设置，需要重复前面所说的零设置程序以做下一步测试。

③ 连接鳄鱼夹到测试线。

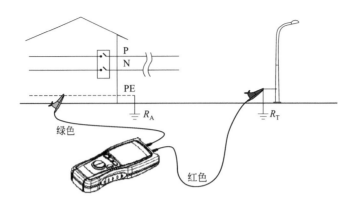

图 5-10　两线接地电阻测试模式

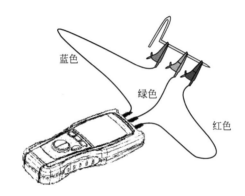

图 5-11　三线模式的仪器测试电缆零值设置

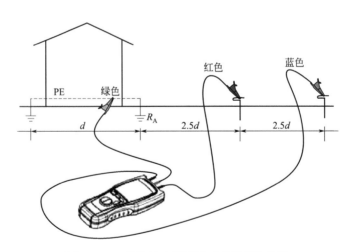

图 5-12　三线接地电阻测试时的仪器接线图

④ 短路测试线末端并注意测试线与鳄鱼夹和鳄鱼夹之间的连接良好。为安全，检查连接其中的接地棒。

⑤ 而后按 CAL 键，仪器进行零设置测试以校准测试电缆阻抗（此过程大约需时 30s），电缆电阻小于 0.3Ω 将可通过校准。

对于小型装置，放置安培电流探头（端口 H，蓝色电缆）在一个 5 倍于接地对角线的距离，而电压探头（端口 S，红色线）在一个 2.5 倍于接地对角线的位置。

对于大型装置，放置安培电流探头在与接地对角线等长的位置，而电压探头放在 0.5 倍于接地对角线的距离。需要多次向后和向前（沿测量方向）移动电压探头并进行多次的测试，注意到其中点且检查其值是否为一个不变的值。

接地电阻和噪声电压显示示例如图 5-13 所示。如果测试的噪声电压大于 0.5V，将选择启动 AUTO 模式并重复测量。

EARTH 3W 测量信息说明如下。

① 如果以下条件满足：RDISPLAYED < 0.11Ω，仪器显示符号 ⚠，表示仪器的读数相对误差大于 30%（图 5-14）。

图 5-13　接地电阻和噪声电压显示示例图　　　　图 5-14　仪器读数误差大于 30%

② 如果以下条件满足：Disruptive voltage>3.0V，仪器显示符号 ⚠，表示此读数是执行临界条件的测试结果（图 5-15）。

③ 如果以下条件满足：RMEASURED-RCABLES<−0.03，仪器显示如图 5-16 所示，并发出长音信号，表示有异常，并稍后返回测试显示。此信息说明测试的电阻值小于测试电缆电阻值且需要进行电缆电阻零校准。

④ 如果电阻值大于仪器量程，仪器发出长音信号表示有异常，且显示如图 5-17 所示。此时可能是测试电缆没有连接或开路。

图 5-15　仪器读数是执行　　　图 5-16　测试值异常　　　图 5-17　电阻值大于仪器量程
临界条件测试结果

5.1.3　组件阵列的绝缘性测试

绝缘电阻是电气设备和电气线路最基本的绝缘指标。绝缘电阻对光伏系统的影响较大。若光伏系统中组串绝缘偏低，会导致光伏组件串与金属支架或者屋面放电，对人员和系统安全存在安全隐患。若直流屏、交流屏、逆变器箱体绝缘电阻偏低，由于突然上电或切断电源或其他缘故，电路产生过电压，在绝缘受损处产生击穿，造成对人身和设备安全的威胁。为了了解光伏发电系统各部分的绝缘状态，判断是否可以通电，需要进行绝缘电阻测试，主要是对光伏方阵和逆变器系统电路进行绝缘电阻的测试。

绝缘电阻的测试通常是在光伏发电系统安装完毕准备运行前进行，此外在系统运行过程中也要做定期检测。《并网光伏发电系统工程验收基本要求》技术规范明确规定了光伏方阵绝缘阻值测试的要求与方法。通过两种不同的测试方法测得相应的绝缘电阻。

（1）光伏方阵测试

光伏方阵应按照如下要求进行测试：

① 测试时限制非授权人员进入工作区；

② 不得用手直接触摸电气设备以防止触电；

③ 绝缘测试装置应具有自动放电的能力；

④ 在测试期间应当穿好适当的个人防护服/设备。

对于某些系统安装，例如大型系统绝缘安装出现事故或怀疑设备具有制造缺陷或对干燥时的测试结果存有疑问，可以适当采取测试湿方阵，测试程序参考 ASTM Std E 2047。

（2）光伏方阵绝缘电阻测试

光伏方阵绝缘电阻可以采用下列两种测试方法：

① 测试方法 1，先测试方阵负极对地的绝缘电阻，然后测试方阵正极对地的绝缘电阻；

② 测试方法 2，测试光伏方阵正极与负极短路时对地的绝缘电阻，这里需要准备一个能够承受光伏方阵短路电流的开关，用开关将光伏方阵正负极短路。

对于方阵边框没有接地的系统（如有 II 类绝缘），可以选择做如下两种测试：

① 在电缆与大地之间做绝缘测试；

② 在方阵电缆和组件边框之间做绝缘测试。

对于没有接地的导电部分（如屋顶光伏瓦片），应在方阵电缆与接地体之间进行绝缘测试。

凡采用测试方法 2，应尽量减少电弧放电，在安全方式下使方阵的正极和负极短路。

指定的测试步骤要保证峰值电压不能超过组件或电缆额定值。

在开始测试之前，禁止未经授权的人员进入测试区，从逆变器到光伏方阵的电气连接必须断开。当光伏方阵输出端装有防雷器时，测试前要将防雷器的接地线从电路中断开，待测试完毕后再恢复原状。

测试方法 2 中，若采用短路开关盒时，在短路开关闭合之前，方阵电缆应安全地连接到短路开关装置（图 5-18）。

采用适当的方法进行绝缘电阻测试，测量连接到地与方阵电缆之间的绝缘电阻，具体见表 5-1。在做任何测试之前要保证测试安全。

保证系统电源已经切断之后，才能进行电缆测试或接触任何带电导体。

对绝缘电阻测试来说，困难在于光伏方阵在现场都是处于发电状态（除非在晚上），而一般的绝缘电阻测试仪不能进行带电测试。HT 公司最新开发的 PVCHECK 集成太阳能发电站快速性能验证与电气安全测试于一身，可对组件的正/负极端子对地/对边框的绝缘电阻进行测试（0～1000V DC），在组件测试模式下，可以直接进行带电测试（图 5-19）。

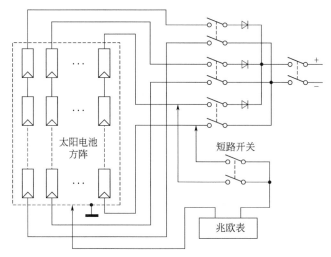

图 5-18　光伏阵列绝缘电阻测量示意图

表 5-1　绝缘电阻最小值

CGC/GF003.1：2009（CNCA/CTS　0004—2010）

测试方法	系统电压/V	测试电压/V	最小绝缘电阻/MΩ
测试方法 1	120	250	0.5
	＜600	500	1
	＜1000	1000	1
测试方法 2	120	250	0.5
	＜600	500	1
	＜1000	1000	1

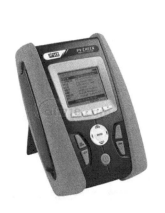

图 5-19　PVCHECK 测试仪及现场对光伏组件串的绝缘电阻测试

PVCHECK 测试仪用于对光伏组件/组串参数进行快速检查。可测量的功能如下。

① 保护导体的连续性测试：遵守标准 IEC/EN 62446，测试电流＞200mA。

② 光伏组件/组串绝缘电阻的测量：遵守标准 IEC/EN 62446，试验电压为 250V、500V、

1000V DC。对框架及金属结构的绝缘测试。

③ 对短期/中期的 PV 光伏系统效率评价：测量光伏组件/组串输出直流电压、直流电流和直流电源。通过一个参考单元连接到可选的远程单元 SOLAR-02 测量辐照度。通过连接到可选的远程单元 SOLAR-02 测量模块和环境温度。

④ 符合标准 IEC/EN 62446 快速的检查：测量高达 1000V DC 的 PV 组件/组串开路电压 V_{oc}；测量高达 10A 的光伏组件/组串的短路电流 I_{sc}。可以直接评定测量结果，在 OPC 和 STC 条件显示结果。

任务二　光伏逆变器检测技术

任务目标

① 掌握并网逆变器的外观检测内容。
② 掌握并网逆变器的参数设置内容。
③ 了解并网逆变器的主要测试项目。
④ 了解光伏逆变器的主要测试标准。
⑤ 掌握并网逆变器的主要测试仪器使用方法。

【任务实施】

5.2.1　逆变器检测项目及标准

(1) 并网逆变器的检查

检查并网逆变器的外壳有无腐蚀、生锈、变形。油漆电镀应牢固、平整，无剥落、锈蚀以及裂纹等现象；机架面板应平整，文字和符号应清楚、整齐、规范、正确；标牌、标志、标记应完整清晰；各种开关应便于操作，灵活可靠；接线端子是否松动，输入、输出接线是否正确，包括 DC 连接电缆极性正确，接线端子连接牢固；AC 电缆连接电压等级、相序正确，接线端子连接牢固；所有接线端无绝缘损坏、断线等现象。检查并网逆变器的参数是否设置正确，是否按照设计图纸和安装要求进行安装。

(2) 并网逆变器的测试

逆变器是并网光伏系统中的核心部件，光伏系统 80% 的发电量由逆变器决定，60% 的系统故障与逆变器相关。因此，为了能使光伏发电系统可靠高效地工作，逆变器的性能检测非常重要。主要测试项目包括谐波测试、逆变效率、直流分量、静态 MPPT 测试、动态 MPPT 测试、功率因数、过/欠压保护、过/欠频保护、防孤岛效应保护、低电压穿越（LVRT）等。

光伏逆变器测试主要参考标准包括：

① 北京鉴衡 CNCA-CTS004 2010 标准；

② IEC 62116—2008 孤岛防护专用试验标准；

③ 德国 TUV DIN VDE 0126-1-1；

④ 美规 IEEE 1547/IEEE 1547.1 标准；

⑤ 澳规 AS4777 标准；

⑥ 英国 G83/1 认证；

⑦ 西班牙 RD 1663/2000 认证；

⑧ 意大利 DK5940 认证；

⑨ 美国 UL1741-2010 认证；

⑩ 欧洲逆变器效率测试标准 EN50530；

⑪ 中国 NB/T 32004—2013 光伏发电并网逆变器技术规范；

⑫ IEC 61000-4-7、VDE-AR-N4105 谐波测量标准。

NB/T 32004—2013 是中华人民共和国能源标准光伏发电并网逆变器技术规范，具体要求测量的参数如下。

① 电气参数：额定输入输出；效率：MMTP 效率、转换效率。

② 电能质量要求：谐波和波形畸变；功率与功率因数；三相不平衡度、直流分量。

③ 电气保护功能：低电压穿越；防孤岛效应保护；过压与过频保护。

5.2.2　逆变器的检测

并网逆变器的测试依据北京鉴衡认证中心认证技术规范 CGC/GF004—2011《并网光伏发电专用逆变器技术条件》的相关内容，试验方法以单相逆变器说明，三相逆变器可以此参照进行（若允许输出的最小功率大于额定交流输出功率的 5%，用允许输出的最小功率进行试验）。

（1）试验环境条件

除非另有规定，并网逆变器的测量和试验在以下条件进行：

温度 15～35℃；相对湿度 45%～75%；气压 86～106kPa。

（2）性能指标试验

① 性能指标的试验平台　图 5-20 给出了逆变器性能指标试验的参考电路，部分保护功能的试验平台也可参照此电路。测试要求如下：

a. 模拟电网应符合相关规定，且容量宜大于被测逆变器额定功率的 2 倍或者能够满足相应测试的需要；

b. 被测逆变器的直流输入源宜为光伏方阵或光伏方阵模拟器，直流输入源应至少能提供被测逆变器最大直流输入功率的 1.5 倍，且直流输入源的输出电压应与被测逆变器直流输入电压的工作范围相匹配，试验期间输出电压波动应不超过 5%；

c. 如果被测逆变器有指定的直流输入源，但该输入源不能提供试验中规定的逆变器的输出功率，应在输入电源能够提供的范围内进行测试。

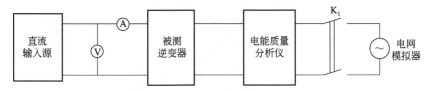

图 5-20　性能指标试验平台

K_1 为逆变器的网侧分离开关。

逆变器测试平台见图 5-21 和图 5-22，具体设备见表 5-2。

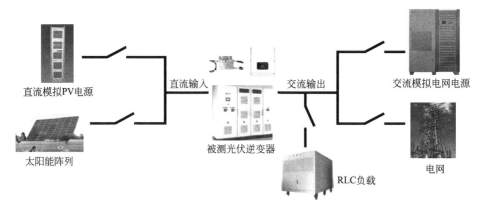

图 5-21　逆变器测试平台系统示意图

表 5-2　逆变器测试设备

设备名称	要求功能	满足 10kW 逆变器测试配置
太阳能模拟器	能模拟电阻能电池板实际工作特性	最高电压≥1000V
	能模拟在不同光照及温度下的 I-V 曲线	满足逆变器 0～1000V 可调,电流 0～40A 可调
	能模拟不同类型电池板工作 I-V 曲线	满功率测试
	稳压稳流	最大电流 15A
交流模拟电网电源	能模拟实际电网中电压及频率的变化	容量≥15kV·A
	能否做低电压穿越试验	10kW÷0.8＝12.5kV·A 12.5kV·A×1.2 倍(余量且用过载测试)≈15kV·A
防孤岛 RLC 负载	模拟交流用电设备谐振发生,有效精确	容量 10kV·A
	检测并网逆变器防孤岛效应保护功能	
	检测各种逆变器的工作效率、满负载运行最大输出功率及带载能力	
	模拟各类复杂工作环境,检测逆变器在各种环境下的综合工作性能状况	

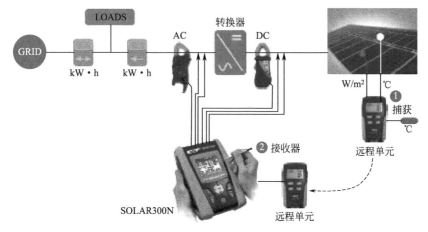

图 5-22　SOLAR300N 连接方案图示（单相系统）

② 转换效率试验 逆变器的转换效率是指在规定的测量周期 T_M 时间内，由逆变器在交流端口输出的能量与在直流端口输入的能量的比值：

$$\eta_{conv} = \frac{\int_0^{T_M} P_{AC}(t)\,\mathrm{d}t}{\int_0^{T_M} P_{DC}(t)\,\mathrm{d}t}$$

其中，$\int_0^{T_M} P_{AC}(t)\,\mathrm{d}t$ 为逆变器在交流端口输出功率的瞬时值；$\int_0^{T_M} P_{DC}(t)\,\mathrm{d}t$ 为逆变器在直流端口输入功率的瞬时值。

并网逆变器的转换效率试验电路应符合 GB/T 20514—2006 的规定。总逆变效率的测试参数如下。

a. 最大转换效率。根据逆变器的设计，测量得到最大的转换效率。对无变压器，最大转换效率应不低于 96%，而对于含变压器，最大转换效率应不低于 94%。

如逆变器控制端等另外取电，则应在报告中注明在最高逆变效率时所消耗的功率。

测试过程中允许关闭最大功率点跟踪功能。

b. 逆变效率曲线。测量负载点为 5%、10%、15%、20%、25%、30%、50%、75%、100%，最大转换效率出现所在负载点和逆变器可输出最大功率点处的转换效率，以曲线图的形式在试验报告中给出。报告中应同时给出每个负载点测试时的电压值和电流值。

在高温环境条件下（对于户内型并网逆变器，试验温度为 40℃±2℃；对于户外型并网逆变器，试验温度为 60℃±2℃）做出同样的检测，测试结果在试验报告中给出。

③ 并网电流谐波试验 并网逆变器在运行时如果造成电网电压波形过度畸变或注入电网过度的谐波电流，将会对连接到电网的其他设备造成不利影响。因此，并网逆变器的并网电流谐波应符合规范要求。逆变器额定功率运行时，注入电网的电流谐波总畸变率限值为 5%，奇次谐波电流含有率限值见表 5-3，偶次谐波电流含有率限值见表 5-4。其他负载情况下运行时，逆变器注入电网的各次谐波电流值不得超过逆变器额定功率运行时注入电网的各次谐波电流值。

表 5-3　奇次谐波电流含有率限值

奇次谐波次数	含有率限值/%	奇次谐波次数	含有率限值/%
3～9	4.0	23～33	0.6
11～15	2.0	35 以上	0.3
17～21	1.5		

表 5-4　偶次谐波电流含有率限值

偶次谐波次数	含有率限值/%	偶次谐波次数	含有率限值/%
2～10	1.0	24～34	0.15
12～16	0.5	36 以上	0.075
18～22	0.375		

试验测量点选定在逆变器与电网连接的电网侧，试验在逆变器输出为额定功率时进行，用电能质量分析仪测量出电流谐波总畸变率和各次谐波电流含有率，其值应符合规定。同时应该测量 30%、50%、70% 负载点处的各次电流谐波值，其值不得超过额定功率运行时逆变器注入到电网的各次谐波电流值。

④ 功率因数测定试验 用电能质量分析仪或功率因数表测量出的功率因数（PF）值，应

符合规定。当逆变器输出有功功率大于其额定功率的50％时，功率因数应不小于0.98（超前或滞后），输出有功功率在20％～50％之间时，功率因数应不小于0.95（超前或滞后）。

功率因数（PF）计算公式为：

$$PF = \frac{P_{out}}{\sqrt{P_{out}^2 + Q_{out}^2}}$$

式中，P_{out}为逆变器输出总有功功率；Q_{out}为逆变器输出总无功功率。

⑤ 电网电压响应试验　试验在逆变器能够工作的最小功率点处进行，设置电网模拟器的输出电压值，其对应的动作和（或）动作时间应符合规定。

对于单相交流输出220V逆变器，当电网电压在额定电压的−15％～＋10％范围内变化时，逆变器应能正常工作。对于三相交流输出380V逆变器，当电网电压在额定电压±10％范围内变化时，逆变器应能正常工作。如果逆变器交流侧输出电压等级为其他值，电网电压在GB/T 12325中对应的电压等级所允许的偏差范围内时，逆变器应能正常工作。

逆变器交流输出端电压超出此电压范围时，允许逆变器切断向电网供电，切断时应发出警示信号。逆变器对异常电压的反应时间应满足表5-5的要求。在电网电压恢复到允许的电压范围时，逆变器应能正常启动运行。此要求适用于多相系统中的任何一相。

表5-5　电网电压的响应

有效电压(逆变器交流输出端)	最大跳闸时间/s	有效电压(逆变器交流输出端)	最大跳闸时间/s
$V < 50\%V_{标称}$	0.1	$110\%V_{标称} \leq V < 135\%V_{标称}$	2.0
$50\%V_{标称} \leq V < 85\%V_{标称}$	2.0	$135\%V_{标称} \leq V$	0.05

注：1. 最大跳闸时间是指异常状态发生到逆变器停止向电网供电的时间。

　　2. 对于具有低电压穿越功能的逆变器，以低电压穿越优先。

⑥ 电网频率响应试验　试验在逆变器能够工作的最小功率点处进行，设置电网模拟器的输出频率值，其对应的动作和（或）动作时间应符合规定。

电网频率在额定频率变化时，逆变器的工作状态应该满足表5-6的要求。当因为频率响应的问题逆变器切出电网后，在电网频率恢复到允许运行的电网频率时逆变器能重新启动运行。

表5-6　电网电压的响应

频率范围/Hz	逆 变 器 响 应
低于48	逆变器0.2s内停止运行
48～49.5	逆变器运行10min后停止运行
49.5～50.2	逆变器正常运行
50.2～50.5	逆变器运行2min后停止运行,此时处于停运状态的逆变器不得并网
高于50.5	逆变器0.2s内停止向电网供电,此时处于停运状态的逆变器不得并网

⑦ 直流分量试验　逆变器额定功率运行时，测量其输出交流电流中的直流电流分量，其值应符合规定。

逆变器额定功率并网运行时，向电网馈送的直流电流分量应不超过其输出电流额定值的0.5％或5mA，取两者中较大值。

⑧ 电压不平衡度试验　逆变器额定功率运行时，测量其公共连接点的三相电压不平衡度，其值应符合规定。

逆变器并网运行时（三相输出），引起接入电网的公共连接点的三相电压不平衡度不超过 GB/T 15543 规定的限值，公共连接点的负序电压不平衡度应不超过 2%，短时不得超过 4%；逆变器引起的负序电压不平衡度不超过 1.3%，短时不超过 2.6%。

⑨ 噪声试验　逆变器在最严酷的工况下、在噪声最强的方向、距离设备 1m 处用声级计测量逆变器发出的噪声。声级计测量采用 A 计权方式。

测试时至少应保证实测噪声与背景噪声的差值大于 3dB，否则应采取措施使测试环境满足测试条件。如果测得噪声值与背景噪声相差大于 10dB 时，测量值不做修正。当噪声与背景噪声的差值在 3~10dB 之间时，按照表 5-7 进行噪声值的修正。

表 5-7　背景噪声测量结果修正表

差值/dB	3	4~5	6~10
修正值/dB	−3.0	−2	−1

(3) 逆变器保护功能测试

① 电网故障保护试验

a. 防孤岛效应保护试验　孤岛效应（islanding）是指电网失压时，光伏系统仍保持对失压电网中的某一部分线路继续供电的状态。它分为计划性孤岛效应（intentional islanding，即按预先配置的控制策略，有计划地发生孤岛效应）和非计划性孤岛效应（unintentional islanding，即非计划、不受控地发生孤岛效应）。防孤岛效应（anti-islanding）是指禁止非计划性孤岛效应的发生（图 5-23）。非计划性孤岛效应发生时，由于系统供电状态未知，将造成以下不利影响：可能危及电网线路维护人员和用户的生命安全；干扰电网的正常合闸；电网不能控制孤岛中的电压和频率，从而损坏配电设备和用户设备。逆变器应具有防孤岛效应保护功能。若逆变器并入的电网供电中断，逆变器应在 2s 内停止向电网供电，同时发出警示信号。

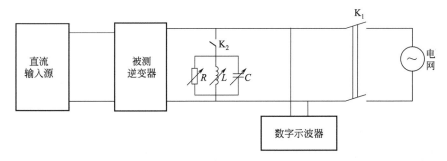

图 5-23　防孤岛效应保护试验平台

图 5-23 给出了防孤岛效应保护试验平台，K_1 为被测逆变器的网侧分离开关，K_2 为被测逆变器的负载分离开关。负载采用可变 RLC 谐振电路，谐振频率为被测逆变器的额定频率（50/60Hz），其消耗的有功功率与被测逆变器输出的有功功率相当。试验应在表 5-8 规定的条件下进行。

表 5-8　防孤岛效应保护的试验条件

条件	被测逆变器的输出功率	被测逆变器的输入电压[1]	被测逆变器跳闸设定值
A	100%额定交流输出功率	直流输入电压范围的 90%	制造商规定的电压和频率跳闸值
B	50%~66%额定交流输出功率	直流输入电压范围的 50%±10%	设定电压和频率跳闸值为额定值
C	25%~33%额定交流输出功率	直流输入电压范围的 10%	设定电压和频率跳闸值为额定值

[1] 若直流输入电压范围为 $X \sim Y$，则（直流输入电压范围的 90%）$= X + 0.9(Y - X)$。

试验步骤

（a）闭合 K_1，断开 K_2，启动逆变器。通过调节直流输入源，使逆变器的输出功率 P_{OUT} 等于额定交流输出功率，并测量逆变器输出的无功功率 Q_{OUT}。

（b）使逆变器停机，断开 K_1；

（c）通过以下步骤调节 RLC 电路使得 $Q_f=1.0\pm0.05$；

• RLC 电路消耗的感性无功功率满足关系式：

$$Q_L=Q_f\times P_{OUT}=1.0\times P_{OUT}$$

• 接入电感 L，使其消耗的无功功率等于 Q_L；

• 并入电容 C，使其消耗的容性无功功率满足关系式：

$$Q_C+Q_L=-Q_{OUT}$$

• 最后并入电阻 R，使其消耗的有功功率等于 P_{OUT}。

（d）闭合 K_2 接入 RLC 电路，闭合 K_1，启动逆变器，确认其输出功率符合步骤（a）的规定。调节 R、L、C，直到流过 K_1 的基频电流小于稳态时逆变器额定输出电流的 1%。

（e）断开 K_1，记录 K_1 断开至逆变器输出电流下降并维持在额定输出电流的 1% 以下之间的时间。

（f）调节有功负载（电阻 R）和任一无功负载（L 或 C）以获得负载不匹配状况。表 5-9 中的参数表示的是偏差的百分比，符号表示的是图 5-23 中流经开关 K_1 的有功功率流和无功功率流的方向，正号表示功率流从逆变器到电网。每次调节后，都应记录 K_1 断开至逆变器输出电流下降并维持在额定输出电流的 1% 以下之间的时间。若记录的时间有任何一项超过步骤（e）中记录的时间，则表 5-9 中非括号部分参数也应进行试验。

表 5-9 试验条件 A 情况下的负载不匹配状况

试验中负载消耗的有功功率、无功功率与额定值的偏差百分比/%				
$(-10,+10)$	$(-5,+10)$	$(0,+10)$	$(+5,+10)$	$(+10,+10)$
$(-10,+5)$	$(-5,+5)$	$(0,+5)$	$(+5,+5)$	$(+10,+5)$
$(-10,0)$	$-5,0$	$(0,0)$	$(+5,0)$	$(+10,0)$
$-10,-5$	$(-5,-5)$	$(0,-5)$	$(+5,-5)$	$(+10,-5)$
$-10,-10$	$(-5,-10)$	$(0,-10)$	$+5,-10$	$+10,-10$

（g）对于试验条件 B 和 C，调节任一无功负载（L 或 C），使之按表 5-10 的规定每次变化 1%。表 5-10 中的参数表示的是图 5-23 中流经开关 K_1 的无功功率流的方向，正号表示功率流从逆变器到电网。每次调节后，记录 K_1 断开至逆变器输出电流下降并维持在额定输出电流的 1% 以下之间的时间。若记录的时间呈持续上升趋势，则应继续以 1% 的增量扩大调节范围，直至记录的时间呈下降趋势。

表 5-10 试验条件 B 和试验条件 C 情况下的负载不匹配状况

试验中负载消耗的有功功率、无功功率与额定值的偏差百分比/%				
$0,-5$	$0,-3$	$0,-1$	$0,2$	$0,4$
$0,-4$	$0,-2$	$0,1$	$0,3$	$0,5$

（h）以上步骤中记录的时间都应符合标准中的规定，否则即判定试验不通过。

b. 低电压穿越试验　对专门适用于大型光伏电站的中高压型逆变器应具备一定的耐受异常电压的能力，避免在电网电压异常时脱离，引起电网电源的不稳定。

逆变器交流侧电压跌至20%标称电压时，逆变器能够保证不间断并网运行1s；逆变器交流侧电压在发生跌落后3s内能够恢复到标称电压的90%时，逆变器能够保证不间断并网运行。

对电力系统故障期间没有切出的逆变器，其有功功率在故障清除后应快速恢复。自故障清除时刻开始，以至少10%额定功率/秒的功率变化率恢复至故障前的值。

低电压穿越过程中逆变器宜提供动态无功支撑。

当并网点电压在图5-24中电压轮廓线及以上的区域内时，该类逆变器必须保证不间断并网运行；并网点电压在图5-24中电压轮廓线以下时，允许停止向电网线路送电。

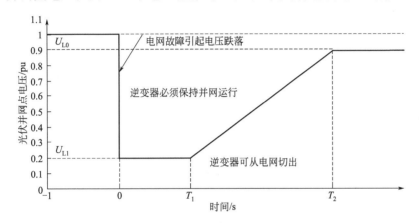

图 5-24　中高压型逆变器的低电压耐受能力要求

U_{L0}为正常运行的最低电压限值；U_{L1}需要耐受的电压下限；

T_1为电压跌落到U_{L1}时需要保持并网的时间；

T_2为电压跌落到U_{L0}时需要保持并网的时间。

对于三相短路故障和两相短路故障，考核电压为光伏电站并网点线电压；对于单相接地短路故障，考核电压为光伏电站并网点相电压。

U_{L1}、T_1、T_2数值的确定需考虑保护和重合闸动作时间等实际情况。

实际的限值应按照接入电网主管部门的相应技术规范要求设定。

低电压穿越试验平台参见图5-25。中高压型逆变器或具有低电压穿越功能的逆变器，低电压穿越功能应满足规范要求。

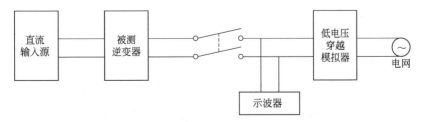

图 5-25　低电压穿越测试平台示意图

c. 交流侧短路保护试验　逆变器应该具有短路保护的能力。当逆变器工作时检测到交流侧发生短路时，逆变器应能停止向电网供电。如果在1min之内两次探测到交流侧保护，逆变器不得再次自动接入电网。

将逆变器交流输出短路，逆变器应能自动保护。对三相逆变器，短路应分别在相与相、相与中性线、相与地之间进行。带隔离变压器的逆变器，短路应分别在变压器的原边和副边进行。

② 防反放电保护试验　降低逆变器直流输入电压，使逆变器处于关机状态，电流表测量逆变器直流侧电流应为零。

③ 极性反接保护试验　在使用光伏方阵模拟器的情况下，应调节模拟器使其输出电压为逆变器的最大额定输入电压，且使其输出电流不超过逆变器额定输入电流的 1.5 倍。

将光伏方阵或光伏方阵模拟器反接，逆变器应能自动保护；1min 后再将其正确接入，逆变器应能正常工作。

④ 直流过载保护试验　调节直流输入源，使其输出功率超过逆变器允许的最大直流输入功率，逆变器的工作状态应符合规定。

当光伏方阵输出的功率超过逆变器允许的最大直流输入功率时，逆变器应自动限流工作在允许的最大交流输出功率处，在持续工作 7h 或温度超过允许值情况下，逆变器可停止向电网供电。恢复正常后，逆变器应能正常工作。

具有最大功率点跟踪控制功能的逆变器，其过载保护通常采用将工作点偏离光伏方阵的最大功率点的方法。

⑤ 直流过压保护试验　调节直流输入源的电压，直至逆变器直流侧输入电压偏离允许直流输入电压范围，逆变器的工作状态应符合规定。

当直流侧输入电压高于逆变器允许的直流方阵接入电压最大值时，逆变器不得启动或在 0.1s 内停机（正在运行的逆变器），同时发出警示信号。直流侧电压恢复到逆变器允许工作范围后，逆变器应能正常启动。

⑥ 并网逆变器绝缘电阻测试　逆变器的输入电路对地、输出电路对地以及输入电路与输出电路间的绝缘电阻应不小于 $1M\Omega$。绝缘电阻只作为绝缘强度试验参考。逆变器绝缘电阻测试方法如图 5-26 所示。根据逆变器额定工作电压的不同，选择 500V 或 1000V 的绝缘电阻测试仪进行测试。在测量绝缘电阻时，逆变器应和光伏方阵、电网断开，并分别短路直流输入电路的所有端子和交流输出电流的所有输出端子，然后再分别测量输入电路对地的绝缘电阻和输出电路对地的绝缘电阻。

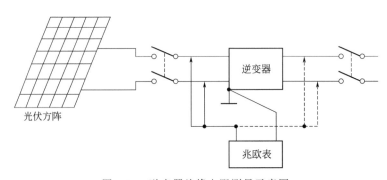

图 5-26　逆变器绝缘电阻测量示意图

绝缘电阻可用绝缘电阻测试仪进行测量，其测试原理是以电池作为电源，经 DC/DC 变化产生的直流高压由 E 极出，经被测试品到达 L 极，从而检测出从 E 极到 L 极的电流，经过 I/V 变换，经除法器完成运算，直接将被测的绝缘电阻在显示屏显示。

绝缘电阻测试仪（数字式兆欧表）由中、大规模集成电路组成。输出功率大，短路电流值高，输出电压等级有不同选项（如 500V、1000V 两种）。接线如图 5-27 所示。

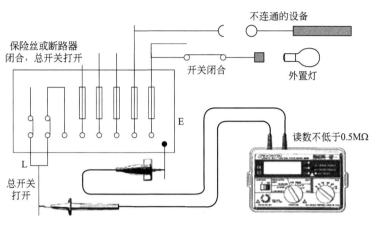

图 5-27 绝缘电阻测试原理示意图

（4）光伏逆变器功率分析

通过功率分析仪设备（图 5-28）测试，确定逆变器在实际运行条件下的转换效率。

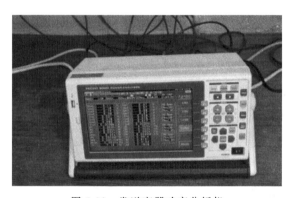

图 5-28 发逆变器功率分析仪

功率分析仪相关的测试分析仪有 Fluke Norma 高精度功率分析仪、Fluke 430 系列电能质量分析仪、ROVA6800＋3007 电力及谐波分析仪（3000A）、日本横河功率分析仪 PZ4000、德国 Zimmer LMG500 八通道三相高精度宽频带、电能/功率分析仪。

任务三　户外光伏系统安装调试与性能测定

任务目标

① 掌握光伏电站的主要检测内容。

② 掌握并网前的主要检测项目。

③ 了解并网试运行的主要检测项目。

④ 掌握并网检测项目及主要项目检测方法。

【任务实施】

根据国家电网公司企业标准 Q/GDW618—2011《光伏电站接入电网测试规程》的要求，对于大中型光伏电站接入电网的测试，内容至少应包括电能质量测试、功率特性测试、电压/频率异常的响应特性测试、低电压穿越能力测试、防孤岛保护特性测试、通过应性能测试等。

5.3.1 地面光伏电站主要测试内容

（1）测试要求

① 光伏电站接入电网的测试点为光伏电站并网点，应由具备相应资质的单位或部门进行测试，并在测试前将测试方案报所接入电网企业备案。

② 光伏电站应在并网运行后 6 个月内向电网企业提供有关光伏电站运行特征的测试报告，以表明光伏电站满足接入电网的相关规定。

③ 当光伏电站更换逆变器或变压器等主要设备时，应重新提交测试报告。

（2）测试内容

测试应按照相关标准或规定进行，包括但不仅限于以下内容：

① 电能质量测试；

② 有功输出特性（有功输出与辐照度的关系特性）测试；

③ 有功和无功控制特性测试；

④ 电压与频率异常时的响应特性测试；

⑤ 安全与保护功能测试；

⑥ 通用技术条件测试。

5.3.2 并网前准备

光伏发电系统的调试步骤应为：先调试光伏组件串，调试合格后再依次调试光伏方阵、光伏发电系统直流侧和整个光伏发电系统，直至合格。

进行光伏发电系统电能质量测试：工作电压和频率、电压波动和闪变、谐波和波形畸变、功率因数、三相输出电压不平衡度、输出直流分量等，各项指标应符合《电能质量供电电压允许偏差》（GB/T 12325）、《电能质量电压波动和闪变》（GB/T 15946）、《电能质量公用电网谐波》（GB/T 14549）、《电能质量三相电压允许不平衡度》（GB/T 15543）等的规定，以及用户与本市电网经营企业签订合同的要求。

调试后，进行电网保护功能检测：过/欠电压保护、过/欠频率保护、防孤岛效应、电网恢复、短路保护、逆流保护，其应符合《光伏发电系统并网技术要求》（GB/T 19939）的规定。

并网前的逆变器检测步骤：

① 检查，确保直流配电柜及交流配电柜断路器均处于 OFF 位置；

② 检查逆变器是否已按照用户手册、设计图纸、安装要求等安装完毕；

③ 检查确认机器内所有螺钉、线缆、接插件连接牢固，器件（如吸收电容、软启动电阻等）无松动、损坏；

④ 检查防雷器、熔断器完好，无损坏；

⑤ 检查确认逆变器直流断路器、交流断路器动作是否灵活，正确；

⑥ 检查确认 DC 连接线缆极性正确，端子连接牢固；

⑦ 检查 AC 电缆连接、电压等级、相序正确，端子连接牢固（电网接入系统，对于多台 500KTL 连接，禁止多台逆变器直接并联，可通过各自的输出变压器隔离或双分裂及多分裂变压器隔离，其输出变压器 N 点不可接地）；

⑧ 检查所有连接线端有无绝缘损坏、断线等现象，用绝缘电阻测试仪检查线缆对地绝缘阻值，确保绝缘良好；

⑨ 检查机器内设备设置是否正确；

⑩ 以上检查确认没有问题后，对逆变器临时外接控制电源，检查确认逆变器液晶参数是否正确，检验安全门开关、紧急停机开关状态是否有效；模拟设置温度参数，检查冷却风机是否有效（检查完成后，参数设置要改回到出厂设置状态）；

⑪ 确认检查后，除去逆变器检查时临时连接的控制电源，置逆变器断路器于 OFF 状态。

5.3.3　并网试运行

在并网准备工作完毕并确认无误后，可开始进行并网调试。

① 合上逆变器电网侧前端空开，用示波器或电能质量分析仪测量网侧电压和频率是否满足逆变器并网要求，并观察液晶显示与测量值是否一致（如不一致，且误差较大，则需核对参数设置是否与所要求的参数一致，如两者不一致，则修改参数设置。比较测量值与显示值的一致性，如两者一致，而显示值与实测值误差较大，则需重新定标处理）。

② 在电网电压、频率均满足并网要求的情况下，任意合上 1~2 路太阳能汇流箱直接空开，并合上相应的直流配电柜空开及逆变器空开，观察逆变器状态，测量直流电压值与液晶显示值是否一致（如不一致，且误差较大，则需核对参数设置是否与所要求的参数一致，修改参数设置。比较测量值与显示值的一致性，如两者一致，而显示值与实测值误差较大，则需重新定标处理）。

③ 交流、直流均满足并网运行条件，且逆变器无任何异常，可以点击触摸屏上"运行"图标并确定，启动逆变器并网运行，并检测直流电流、交流输出电流，比较测量值与液晶显示值是否一致，测量三相输出电流波形是否正常，机器运行是否正常。

注意：如果在试运行过程中听到异响或发现逆变器有异常，可通过液晶上停机按钮或前门上紧急停机按钮停止机器运行。

④ 机器正常运行后，可在此功率状态下验证功率限制、启停机、紧急停机、安全门开关等功能。

⑤ 以上功能均验证完成并无问题后，逐步增加直流输入功率（可考虑分别增加到 10%、25%、50%、75%、100%功率点，通过合汇流箱与直流配电柜的断路器并改变逆变器输出功率限幅值来调整逆变器运行功率），试运行逆变器，并检验各功率点运行时的电能质量（PF 值、THD 值、三相平衡等）。

⑥ 以上各功率点运行均符合要求后，初步试运行调试完毕。

以上试运行，需由专业人员在场指导、配合调试，同时需有相关设备供应商、系统集成商等多单位紧密配合，相互合作，共同完成。

5.3.4　并网检测

(1) 电能质量测试

① 光伏电站电能质量测试前，应进行电网侧电能质量测试。电能质量包括电压谐波、

电流谐波、电压偏差、频率偏差、功率因数、直流分量、电压不平衡度、闪变等。

② 电能质量测试装置应满足 GB 19862、DL/T 1028 的技术要求，并符合 IEC 61000-4-30—2003 Class A 测量精度要求。

③ 电能质量测试示意图如图 5-29 所示。

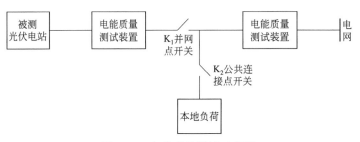

图 5-29　电能质量测试示意图

测试步骤如下：

① 电能质量测试点应设在光伏电站并网点和公共连接点处；

② 校核被测光伏电站实际投入电网的容量；

③ 测试各项电能质量指标参数，在系统正常运行的方式下，连续测量至少满 24h（具备一个完整的辐照周期）；

④ 读取测试数据并进行分析，输出统计报表和测量曲线，并判别是否满足 GB/T 12325 电能质量供电电压允许偏差、GB/T 12326 电能质量电压波动和闪变、GB/T 14549 电能质量公用电网谐波、GB/T 15543 电能质量三相电压不平衡、GB/T 15945 电能质量电力系统频率允许偏差的国家标准要求。

（2）电压异常（扰动）响应特性测试

① 电压异常（扰动）响应特性测试，通过电网扰动发生装置和数字示波器或其他记录装置实现。

② 电网扰动发生装置具备输出电压调节能力并对电网的安全性不应造成影响（图 5-30）。

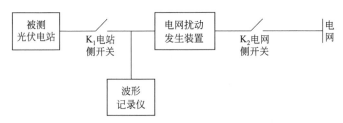

图 5-30　电压异常（扰动）测试示意图

测试步骤如下：

① 电压异常（扰动）测试点应设置在光伏电站或单元发电模块并网点处；

② 通过电网扰动发生装置设置光伏电站并网点处电压幅值为额定电压的 50%、85%、110% 和 135%，并任意设置两个光伏电站并网点处电压（$0 \leqslant U \leqslant 135\%U_e$），电网扰动发生装置测试时间持续 30s 后将并网点处电压恢复为额定值；

③ 通过数字示波器记录被测光伏电站分闸时间和恢复并网时间；

④ 读取数字示波器数据进行分析，输出报表和测量曲线，并判别是否满足 Q/GDW 617—2011 要求。

(3) 频率异常（扰动）响应特性测试

① 频率异常（扰动）响应特性测试，通过电网扰动发生装置和数字示波器或其他记录装置实现。

② 电网扰动发生装置具备频率调节能力并对电网的安全性不应造成影响（图 5-31）。

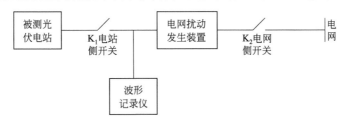

图 5-31 频率异常（扰动）测试示意图

测试步骤如下。

① 频率异常（扰动）测试点应设置在光伏电站或单元发电模块并网点处。

② 对于小型光伏电站，通过电网扰动发生装置设置光伏电站并网点处频率为 49.5Hz、50.2Hz，电网扰动发生装置测试时间持续 30s 后将并网点处频率恢复为额定值，通过波形记录仪记录被测光伏电站分闸时间和恢复并网时间。

③ 对于大、中型光伏电站，通过电网扰动发生装置设置光伏电站并网点处频率为 48Hz，测试时间持续 10min 后将并网点处频率恢复为额定值，通过波形记录仪记录被测光伏电站分闸时间和恢复并网时间；通过电网扰动发生装置设置光伏电站并网点处频率为 49.5Hz，测试时间持续 2min 后，将并网点处频率恢复为额定值，通过波形记录仪记录被测光伏电站分闸时间和恢复并网时间；通过电网扰动发生装置设置光伏电站并网点处频率为 50.2Hz，电网扰动发生装置测试时间持续 2min 后将并网点处频率恢复为额定值，通过波形记录仪记录被测光伏电站分闸时间和恢复并网时间；通过电网扰动发生装置设置光伏电站并网点处频率为 50.5Hz，电网扰动发生装置测试时间持续 30s 后将并网点处频率恢复为额定值，通过波形记录仪记录被测光伏电站分闸时间和恢复并网时间。

④ 读取波形记录仪数据进行分析，输出报表和测量曲线，并判别是否满足 Q/GDW 617—2011 要求。

任务四　电能质量测试仪的操作方法

 **任务目标**

① 了解电能质量测试仪的结构原理。

② 掌握电能质量测试仪的使用方法。

【任务实施】

5.4.1　光伏电站电能质量测试

光伏发电由于与传统能源发电不同，采用最大功率点跟踪策略进行控制，其输出功率与太阳辐照度和环境温度直接相关。太阳辐照度随着时间、气象等诸多因素的变化，不是一个稳定值，因此光伏发电的输出功率在全天中也具有较大的波动性。较大的波动性将导致光伏系统并网侧电压波动、电压闪变、频率波动等一系列电能质量的问题。另外，由于光伏发电系统通过光伏组件，将太阳能转换为直流电，再通过逆变器将直流电转变为交流电并入电网，在此过程中会产生较多的谐波和直流分量等，影响用户电能质量，损害用户设备，造成经济损失。

在开展光伏电站并网电能质量测试前，必须确保电网侧电能的质量指标符合GB/T 12325—2008《电能质量供电电压偏差》、GB 14549—1993《电能质量公用电网谐波》、GB/T 15543—2008《电能质量三相电压不平衡》、GB/T 15945—2008《电能质量电力系统频率偏差》、《GB/T 12326—2008 电能质量电压波动和闪变》以及 GB/T 24337—2009《电能质量公用电网间谐波》等相关规定或要求。此外，还需要进行试点选择与测试。

电能质量具体测试要求分析如下。

（1）谐波电流要求

在直流电能通过并网逆变器转变为交流电的过程中，会有大量谐波注入到电网内，而该逆变器注入电网的谐波电流的大小、并网接入点的短路容量以及光伏电站的装机容量，共同决定着并网后谐波含量是否能够达到合格标准。通常情况下，光伏电站的谐波含量应符合GB 14549—1993《电能质量公用电网谐波》中所规定的相关标准值，即35kV 母线电压总谐波畸变率、各偶次谐波含有率以及各奇次谐波含有率必须分别小于 3%、1.2% 及 2.4%，当其中一项超出上述标准值时，为有效防止公用电网谐波遭受不必要的污染，必须及时配置相应的滤波装置。

表 5-11 为某光伏电站并网后于光照强度最强（10：00～14：00）与最弱（15：00～17：00）时的谐波数据。从数据可看出，虽然各次谐波电压值均较小，但均未超出规定的限值。

表 5-11　某光伏电站并网后 35kV 线谐波电压含有率

谐波次数	THD	2	3	5	7	9	11	13	15
光照强度最强/%	0.89	0.03	0.27	0.76	0.15	0.04	0.22	0.26	0.07
光照强度较弱/%	0.89	0.02	0.22	0.76	0.09	0.03	0.21	0.23	0.05
国标限值/%	3.0	1.2	2.4	2.4	2.4	2.4	2.4	2.4	2.4

（2）电压偏差分析

GB/T 12325—2008《电能质量供电电压偏差》中明确规定，一旦光伏电站接入电网后，35kV 及以上公共连接点位置处的电压正负偏差的绝对值之和应小于标称电压的 10%。

（3）闪变分析

光伏电站接入电网后，公共连接点的电压闪变应满足 GB/T 12326—2008《电能质量电压波动和闪变》标准规定。

（4）电压不平衡度

光伏电站一旦接入电网，其公共连接点位置处的电压不平衡度必须小于 GB/T 15543—2008《电能质量三相电压不平衡》中规定的范围值，即电压不平衡度小于 2%。

三相电压不平衡度 ε 为：

$$\varepsilon = U_2/U_1$$

式中，U_2 为负序电压；U_1 为正序电压。

测试时，设三相线电压为 U_{bc}、U_{ca}、U_{ab}，则三相电压不平衡度也可表示为

$$\varepsilon = \sqrt{\frac{1 - \sqrt{(3-6L)}}{1 + \sqrt{(3-6L)}}}$$

其中：

$$L = \frac{U_{bc}^4 + U_{ca}^4 + U_{ab}^4}{(U_{bc}^2 + U_{ca}^2 + U_{ab}^2)^2}$$

（5）直流分量

Q/GDW617—2011 对光伏系统注入电网直流分量进行了相应的规定，如光伏电站并网运行时，向电网馈送的直流分量不应超过其交流电流额定值的 0.5%。

5.4.2 电能质量测试仪

在并网电能质量测试装置方面，DL/T 1028—2006 电能质量测试分析仪检定规程与 GB 19862—2005电能质量监测设备通用要求均对其提出了明确的技术要求，且要求其测试精度必须满足 IEC 61000-4-30—2003 Class A 要求。

此处以 Fluke 435Ⅱ（图 5-32）为例说明电能质量测试仪的功能及使用方法。Fluke 435Ⅱ分析仪提供广泛且强大的测量功能来检查配电系统。功能包括示波器波形和相量、电压/电流/频率、骤降与骤升、谐波、功率和电能、能量损耗计算器、功率逆变器效率、不平衡、浪涌电流、电能质量监测、闪变、瞬态、功率波、电力线发信。

（a）

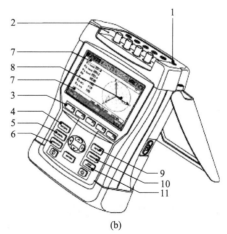
（b）

图 5-32 Fluke 435Ⅱ电能质量测试仪

1—电池充电；2—输入连接；3—辅助功能，菜单导览；4—示波器模式；

5—测量菜单；6—电力质量监测；7—屏幕符号；8—屏幕和功能键；

9—设置分析仪；10—内存使用；11—保存屏幕

(1) Fluke 435Ⅱ电能质量测试仪主要操作功能介绍

开机/关机 ：按此设置配置开机或关机。

显示屏亮度 ☼：重复按此可调暗或调亮背照灯。按住 5s 以上可增加亮度以提高强光下的可视性。

锁定键盘 ENTER：按住 5s 锁定或解除锁定键盘。键盘可以锁定以防止无人测量时出现不必要的操作。

菜单导航：分析仪的大部分功能都是通过菜单来操作。箭头键用来导览菜单。使用功能键 F1 至 F5 和 ENTER 键进行选择。黑色背景的高亮显示表示当前功能键的选择。

屏幕类型：分析仪使用 6 种不同的屏幕类型（图 5-33），以最有效的方式显示测量结果。

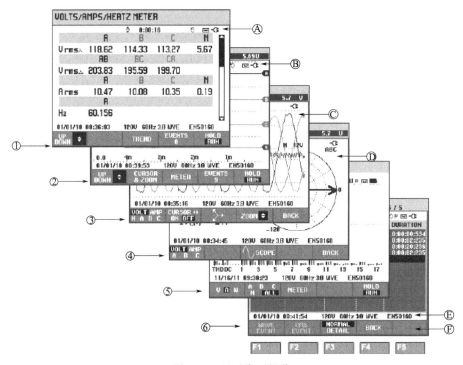

图 5-33　显示类型概览

① 计量（Meter）屏幕：给出大量重要数字测量值的即时概览。测量的所有数值都将被记录。当停止测量后，数值将被存储在内存中。适用于除监测（Monitor）和功率波（Power Wave）以外的所有测量。

② 趋势图（Trend）屏幕：这种类型的屏幕与计量（Meter）屏幕相关。趋势图（Trend）显示计量（Meter）屏幕中的测量值相对于时间的变化过程。在选择一种测量模式后，分析仪开始记录计量（Meter）屏幕中的所有读数。适用于所有测量。

③ 波形（Waveform）屏幕：如同示波器一样显示电压和电流波形。通道 A（L1）是基准通道，显示 4 个完整周期。标称电压和频率决定测量栅格的大小。Fluke 435Ⅱ/437Ⅱ型示波器显示波形（ScopeWaveform）、瞬态（Transients）、功率波（Power Wave）以及波事件（Wave Event）。

④ 相量（Phasor）屏幕：在矢量图中显示电源和电流的相位关系。基准通道 A（L1）的矢量指向水平正方向。A（L1）振幅也是测量栅格大小的基准。示波器显示相量（Scope Phasor）和不平衡（Unbalance）。

⑤ 条形图（Bar Graph）屏幕：通过条形图，以百分比的方式来显示各测量参数的密度。示波器显示谐波（Harmonics）与电能质量监测（Power Quality Monitor）。

⑥ 事件列表（vents list）：在测量与开始日期/时间、相位和持续时间等有关的数据时，列出所发生的事件。适用于除功率波（Power Wave）以外的所有测量。

相位颜色：属于不同相位的测量结果分别用一种颜色来表示。如果某个相位的电压和电流结果同时显示，则电压结果以深色调显示，电流结果以浅色调显示。相位颜色可以通过设置（SETUP）键和功能键 F1 用户参数选择（USER PREF）来选择。

（2）输出连接

分析仪具有 4 个 BNC 输入端口供连接电流钳夹及 5 个香蕉输入端口供连接电压。连接时务必使用分析仪自带的或者推荐使用的安全电流钳夹或其他夹具。这些钳夹装备有一个塑料 BNC 连接器。有必要使用绝缘 BNC 连接器进行安全测量。

如有可能，在连接之前尽量断开电源系统，始终使用合适的个人防护设备，不要单独工作并遵照"安全须知"中所列警告信息操作。对于三相系统，依照图 5-34 所示连接。

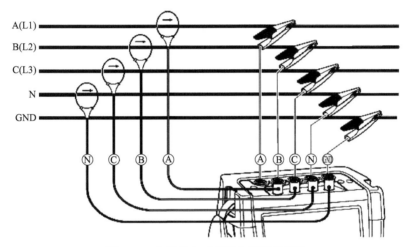

图 5-34　分析仪与三相配电系统的连接

① 首先将电流钳夹放置在相位 A（L1）、B（L2）、C（L3）和 N（中性线）的导体上。钳夹上标有箭头，用于指示正确的信号极性。

② 完成电压连接：先从接地（Ground）连接开始，然后依次连接 N、A（L1）、B（L2）和 C（L3）。要获得正确的测量结果，始终要记住连接地线输入端口。要复查连接是否正确。要确保电流钳夹牢固并完全夹钳在导体四周。

对于单相测量，使用电流输入端口 A（L1）和地线、N（中性线）及相位 A（L1）电压输入端口。A（L1）是所有测量的基准相位。

③ 在开始任何测量之前，先针对想要测量的电力系统的线路电压、频率及接线配置来设置分析仪。

示波器波形（Scope Waveform）和相量（Phasor）显示可用于检查电压导线和电流钳夹是否正确连接。在矢量图中，当依照图 5-35 所示实例按照顺时针方向观察时，相位电压和电流 A（L1）、B（L2）和 C（L3）应依次出现。

（3）电能质量监测

电能质量监测（Power Quality Monitoring）或系统监测（System Monitor）显示一个

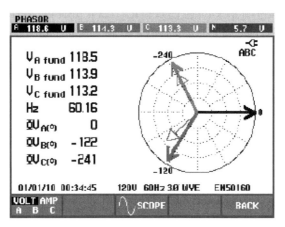

图 5-35 正确连接的分析仪的矢量图

条形图屏幕。该屏幕显示重要的电能质量（Power Quality）参数是否满足要求。参数包括：有效值电压（RMS voltages）；谐波（Harmonics）；闪变（Flicker）；骤降/中断/快速电压变化/骤升（DIRS）；不平衡/频率/电力线发信（Unbalance/Frequency/Mains Signaling）。

监测（Monitor）可以通过菜单选择测量立即或定时启动。当选择定时启动时，将启用10min 的实时时钟同步。定时启动配合可选的 GPS 同步装置 GPS 430 使用，能够达到 A 级的计时精度。图 5-36 显示条形图屏幕以及它的属性。

相关参数与标称值的差别越大，则条的长度也随之增大。如果测量值违反了允许的容差

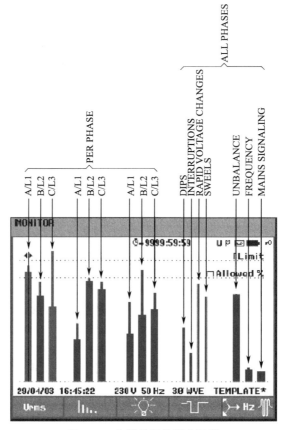

图 5-36 电能质量监测主屏幕

要求，则条由绿色变成红色。

使用向左/向右箭头键将光标定位在某个条上，则与该条相关的测量数据被显示在屏幕的表头部位上。

电能质量监测（Power Quality Monitoring）通常要经过长时间的观察期才能完成。测量的最短持续时间为 2h。通常测量周期是 1 周。

有效值电压（RMS voltages）、谐波（Harmonics）和闪变（Flicker）等电能质量（Power Quality）参数在每个相位各有一个条。这些条从左至右分别对应于 A 相（L1）、B 相（L2）和 C 相（L3）。

骤降/中断/快速电压变化/骤升（Dips/Interruptions/Rapid Voltage Changes/Swells）及平衡/频率（Unbalance/Frequency）参数，每个参数拥有一条来表示所有三个相位的性能。

大多数条形图都具有较宽的基线，表示与可调整时间相关的极限值（比如 95％的时间在极限内），以及狭窄顶部来表示固定的 100％极限值。如果违反了这两个极限值中的一个，则相关的条将从绿色变成红色。显示屏中的水平虚线，表示 100％极限值和可调整极限值。

具有较宽基线和狭窄顶部的条形图的含义解释如下［此处以有效值（RMS）电压为例］。例如该电压的标称值为 120 V，容差为±15％（容差范围为 102～138V），分析仪持续监测瞬时有效值（RMS）电压。它计算 10min 观察期内测量值的平均值，10min 平均值与容差范围（此例中为 102～138V）进行比较。100％极限值表示 10min 平均值必须始终（即100％时间或 100％概率）在范围之内，如果 10min 平均值超出容差范围，则条将变成红色。可调整极限值，比如 95％（即 95％概率）表示 10min 时间中有 95％的时间平均值必须在容差范围内。95％极限值不如 100％极限值严格，因此相关的容差范围通常也较小。比如，对 120V，其容差为±10％（容差范围为 108～132V 之间）。骤降/中断/快速电压变化/骤升的条较狭窄，表明在观察期内发生的违反极限值的次数。允许的次数可以调整（比如每周20 次骤降）。如果违反了调整的极限值，条将变成红色。

表 5-12 所示为电能质量监测（Power Quality Monitoring）各方面内容的概览。

表 5-12　电能质量监测参数

参数	可用的条形图	极限	平均间隔
有效值电压(Vrms)	3 个，每个相位 1 个	概率 100％：上限与下限 概率×％：上限与下限	10min
谐波(Harmonics)	3 个，每个相位 1 个	概率 100％：上限 概率×％：上限	10min
闪变(Flicker)	3 个，每个相位 1 个	概率 100％：上限 概率×％：上限	2h
骤降/中断/快速电压变化/骤升 (Dips/Interruptions/Rapid Voltage Changes/Swells)	4 个，每个参数 1 个，涵盖全部 3 个相位	每周允许的事件数	基于半个周期有效值 (RMS)
不平衡(Unbalance)	1 个，涵盖全部 3 个相位	概率 100％：上限 概率×％：上限	10min
频率(Frequency)	1 个，涵盖全部 3 个相位 在基准电压输入端 A/L1 测量	概率 100％：上限与下限 概率×％：上限与下限	10s
电力线发信(Mains Signaling)	6 个，每个相位 1 个 对于频率 1 和频率 2	概率 100％：上限不适用 概率×％：上限可调整	3s 有效值(RMS)

电能质量监测（Power Quality Monitoring）屏幕（图 5-37）可通过菜单（MENU）键下的监测（MONITOR）选项打开。开始菜单可以设置立即（Immediate）或定时（Timed）启动。可以使用向左/向右箭头键将光标定位在特定的条形图上。与条相关的测量数据显示在屏幕的表头部位。

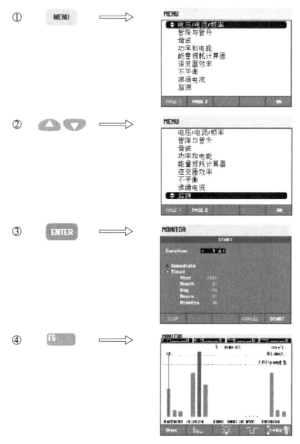

图 5-37　电能质量主屏幕

详细的测量数据可通过功能键来查看。F1 有效值电压：趋势图、事件表。F2 谐波：条形图、事件表、趋势图。F3 闪变：趋势图、事件表。F4 骤升、中断、快速电压变化及骤降：趋势图、事件表。F5 不平衡、频率和电力线发信：每个电力线发信频率/相位条形图、趋势图、事件表。

下面详细解释功能键可以查看的测量数据。数据的显示格式包括事件表、趋势图显示及条形图屏幕。

① 趋势图显示　趋势图（Trend）屏幕显示（图 5-38）测量值经过一段时间的变化。缩放（Zoom）和光标（Cursor）可用来查看趋势图的详细内容。缩放和光标通过箭头键操作。

可用的功能键如下。

F1：使用向上/向下箭头键滚动趋势图（Trend）屏幕。F2：打开事件（Events）菜单，将显示事件的发生次数。F3：打开光标和缩放菜单。F4：返回到条形图屏幕。F5：在保持（HOLD）和运行（RUN）屏幕更新之间切换。从保持切换至运行将调用一个菜单来选择立即启动（NOW）或定时（TIMED）启动，后者可用于确定启动时间和测量持续时间。

② 事件表　事件表（图 5-39）显示在测量启动日期/时间、相位和持续时间等数据期间

所发生的事件。表格中的信息数量可通过功能键 F3 来选择。

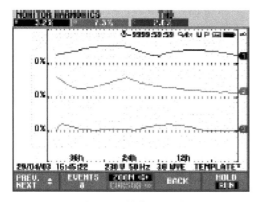

图 5-38 趋势图显示

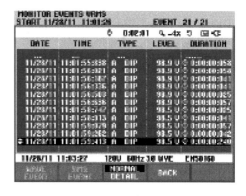

图 5-39 事件表

常规（Normal）列出主要事件特征：启动日期/时间、持续时间、事件类型及幅度。详细（Detail）显示有关各相位事件越限值的信息。波（Wave）事件显示所选事件周围的示波器波形。有效值（RMS）事件显示所选事件周围的半个周期有效值趋势图。Fluke 435 II 和 437 II 具有波事件和有效值事件功能。

可用的功能键如下。

F1：切换至波事件显示，将显示所选事件周围的 4 个周期波形，在保持（HOLD）模式下可用。F2：切换到有效值（RMS）事件显示，将显示所选事件周围的半个周期有效值趋势图，在保持（HOLD）模式下可用。F3：在常规（Normal）和详细（Detailed）事件表之间切换。F4：返回上一级菜单。

有两种打开趋势图的方法。

① 使用向上/向下箭头键来选中表格中的某个事件。要查看趋势图（Trend），按回车（ENTER）键。光标启动，在屏幕的中间并定位在所选择的事件上。缩放（Zoom）被设置为 4。

② 按功能键 F4 查看趋势图部分，该部分显示最近的测量值。光标（Cursor）和缩放（Zoom）功能可以在之后需要时开启。

测量的特定功能如下。

- 有效值电压（Vrms）事件：每次当 10min 合计的有效值（rms）违反其极限值时，就记录一次事件。

- 谐波（Harmonics）事件：每次当 10min 合计的谐波或总谐波失真（THD）违反其极限值时，就记录一次事件。

- 闪变（Flicker）事件：每次当 Plt（长期严重性）违反其极限值时，就记录一次事件。

- 骤降/中断/快速电压变化/骤升事件：这些项目中有一项违反其极限值时，就记录一次事件。

- 不平衡和频率事件：每次当 10min 合计的有效值违反其极限值时，就记录一次事件。

③ 条形图屏幕 主系统监测显示屏（图 5-40）显示三个相位中每个相中最强的谐波。按功能键 F2 可显示一个包含条形图的屏幕，该条形图显示每个相位在 25 个谐波和总谐波失真（THD）极限值范围内的

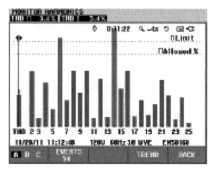

图 5-40 条形图屏幕

时间所占的时间百分比。每个条形图都有较宽的基线（表示可调整极限值，如 95%）和狭窄的顶部（表示 100% 极限值）。如果违反该谐波的极限值，则条形图将由绿色变成红色。使用向左/向右箭头键将光标定位在某个条形图上，则与该条相关的测量数据被显示在屏幕的表头部位上。

可用的功能键如下 。

F1：选择属于 A 相（L1）、B 相（L2）或 C 相（L3）的条形图。F2：打开事件表，将显示事件的发生次数。F4：打开趋势图（Trend）屏幕。F5：返回到主菜单。

监测（Monitor）是用于进行最长可至 1 周的较长时间段内的电能质量检查。依照国际标准，有效值电压（Vrms）和谐波的平均时间为 10min。

任务五　红外热成像仪测试技术

任务目标

① 了解红外热成像仪的工作原理。

② 掌握 Fluke 或 HT 红外热成像仪的使用方法。

【任务实施】

5.5.1　红外热成像仪的原理

红外热像仪是一种成像装置。普通的照相机是一种可见光成像装置，它的成像原理基于目标表面的反射和反射比的差异。热像仪与此不同，它是利用目标与周围环境之间由于温度与发射率的差异所产生的热对比度不同，而把红外辐射能量密度分布图显示出来，成为"热像"。由于人的视觉对红外光不敏感，所以热像仪必须具有把红外光转变成可见光的功能，将红外图像变为可见图像。在红外热像仪中，红外图像变为可见图像分两步进行，第一步是利用对红外辐射敏感的红外探测器把红外辐射变为电信号，该信号的大小可以反映出红外辐射的强弱；第二步是通过电视显像系统将反映目标红外辐射分布的电子视频信号在电视荧光屏上显示出来，实现从电到光的转换，最后得到反映目标热像的可见图像。

在热像仪中具体实现由红外光变电信号、又由电信号变可见光的转换功能是由热像仪各个部件完成的。现在使用的热像仪大都采用光机扫描，这种热像仪主要由光学系统、扫描器红外探测器、信号处理电路和显示记录装置等几部分组成。图 5-41 给出了热像仪工作过程的原理方框图。

5.5.2　红外热成像仪介绍

下面以 Fluke Ti32 Thermal Imager 和 TiR32 Thermal Imager 为例说明红外热成像仪的功能及使用方法。

Fluke Ti32 Thermal Imager 和 TiR32 Thermal Imager 热像仪（图 5-42）是用于预防性和预测性维护、设备故障检修、维修验证、建筑检查、修复和补救工作、能量审计以及御寒

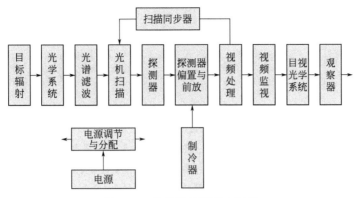

图 5-41　热像仪的原理方框图

抗暑等用途的手持式热像仪。Ti32 专门用于工业和商业设备维护，TiR32 则用于建筑围护结构检查和建筑诊断。两种热像仪都配有高性能 320×240 焦平面阵列（FPA）传感器，能够在 640×480 的显示屏上显示热图像和可见光图像。

两种热像仪均采用 Fluke 独有的 IR-Fusion®（红外线融合）技术，通过此技术可将全可见光图像（640×480）与每个红外图像融合在一起并一同显示和存储。热图像和可见光图像可以各种融合模式的全热图像或画中画（PIP）图像形式同时显示。SmartView® 软件随Fluke 热像仪提供。它所具有的功能可用于分析图像、组织数据存储和创建专业报告。SmartView® 允许在 PC 机上回放音频附注。SmartView® 可用于将红外图像和可见光图像导出为 JPEG、BMP、GIF、TIFF 和 PNG 文件。

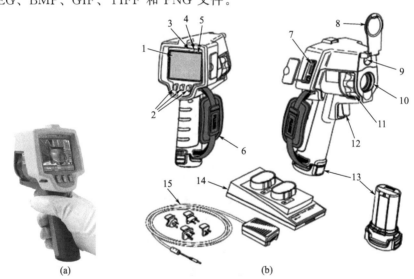

(a)　　　　　　　　　　(b)

图 5-42　Fluke 红外热成像仪结构

1—液晶显示屏（LCD）；2—功能键（F1、F2 和 F3）；3—扬声器；4—麦克风；5—自动背光传感器；

6—手带；7—SD 存储卡/交流电源插孔仓；8—翻盖式镜头盖；9—可见光相机；

10—红外镜头；11—调焦环；12—图像捕获扳机；13—抽取式锂离子智能电池组；

14—双座充电器；15—交流电源适配器/电源

（1）菜单的使用

菜单与三个功能键（F1、F2 和 F3）配合，可用于显示热图像、保存和查看存储的图像，以及设置各种功能：背光；日期/时间；发射率；文件格式；高温报警（Ti32）或露点报警

（TiR32）；图像上的热点、冷点和中心点；IR-Fusion®（红外线融合）模式；语言；镜头选择；水平/跨度；调色板；反射背景温度补偿；温标；透射率校正。

要调用菜单，按⬚。每个功能键上方的文本在所有菜单屏幕中都与该功能键对应。按⬚打开菜单并在菜单间依次变换，在最后一次按功能键后数秒，菜单将自动消失，并且热像仪返回到实时查看。

（2）安装和使用可选镜头（长焦镜头和广角镜头）

Ti32 Thermal Imager 和 TiR32 Thermal Imager 可以装配可选的长焦镜头和广角镜头。这些镜头能够提高适应性，可在更多的应用中进行红外检查工作。

要在热像仪上安装和使用可选镜头（图 5-43）。

① 在热像仪关闭时，将固件代码与可选镜头对应的 SD 存储卡插入热像仪侧面的 SD 存储卡槽中。

② 按⬚打开热像仪。按照 LCD 显示屏上显示的说明，将正确的文件安装到热像仪的内存中。

③ 安装文件后，取出内有固件文件的 SD 存储卡，然后重新插入用于存储图像的标准 SD 存储卡。

④ 将可选镜头上的点对准热像仪上的点，将镜头安装到热像仪上，见图 5-43。注意务必在热像仪的设置/镜头菜单中选择正确的镜头选项。

⑤ 将可选镜头轻推到位，然后顺时针旋转，直到镜头锁定到正确位置。

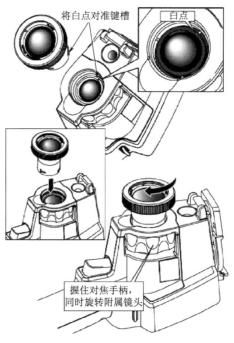

图 5-43 安装和取下可选镜头

选择或更换热像仪正在使用的镜头步骤如下。

① 按⬚，直到 F3 功能键显示为设置。

② 按功能键设置。在"设置"菜单中，按显示为 a 键，Menu 菜单的功能键显示为镜头。

③ 按功能键镜头。按功能键向上或向下选择镜头。结束时按功能键完成。

④ 继续调整"设置"菜单中的其他项目，或迅速扣动并释放扳机两次以返回到实时查看。

注意：未在热像仪上选择正确的镜头，可能会导致温度测量值不准确。

（3）聚焦和捕获图像

将热像仪对准目标物体或区域，旋转调焦环进行聚焦，直到 LCD 显示屏上显示最为清晰的红外图像，然后扣动并释放扳机。热像仪显示捕获的图像和一个菜单。通过 Ti32 和 TiR32 菜单，可存储图像、调整图像设置并为 .is2 格式的文件录制音频附注。要取消图像存储并返回到实时查看，扣动并释放扳机。

注意以下事项。

① 红外相机（使用标准镜头）的最小焦距为 15cm。可见光相机的最小焦距为 46cm。

② 热像仪可将图像另存为简单图片或者辐射图像，后者允许做进一步的温度分析。

③ 当启动 IR-Fusion®（红外线融合）功能时，调节红外焦距控件，将使红外图像与可见光图像在 LCD 显示屏上对齐。当红外图像正确聚焦时，图像应当几乎完全对齐。此功能提供了一种在红外图像上正确聚焦的简易方法。由于图像视差和最小焦距规格的限制，对齐 IR-Fusion®（红外线融合）图像的最小距离约为 46cm。

在捕获的图像画面中按功能键设置，仅可对 .is2 格式文件的调色板、画中画和范围等图像特征进行修改。

热像仪将显示的数据保存到插入相机的 SD 存储卡中。热像仪上设置的文件格式决定了所测得的信息如何在 SD 存储卡上存储。

要存储热像仪数据：

① 将相机对准目标区域并扣动扳机捕获图像，这将会冻结显示屏中的图像并调用"图像捕获"菜单；

② 按功能键保存，如果热像仪中已插入 SD 存储卡且卡上有足够的可用空间，则信息将存储到卡上。

（4）调整热像仪图像

热像仪使用不同的颜色或灰度来显示热像仪视场内区域的温度梯度。有两项调整可更改热像仪显示图像的方式：调色板和范围。

调色板菜单提供了各种不同的热图像查看样式。两款热像仪均可使用灰度、蓝红、高对比度、铁红、琥珀色和熔融金属样式。

要选择标准调色板：

① 按🗐，直到调色板显示在🔳上方；

② 按功能键调色板显示可用的调色板选项（标准或 Ultra Contrast）；

③ 按功能键标准；

④ 按功能键向上或向下在调色板选项之间移动；

⑤ 按功能键完成将热像仪设置为使用所选调色板；

⑥ 等待主菜单消失，或迅速扣动并释放扳机两次以返回到实时查看。

要设置范围，执行下面的步骤：

① 按🗐直到范围显示在🔳上方；

② 按功能键范围；

③ 按功能键"手动"将热像仪设为手动选取范围，按功能键"自动选择"自动选取范围。

在自动范围模式下操作热像仪时，热像仪将根据此时在任何点探测到的红外能量自动确定水平和跨度。视场中的红外能量发生变化时，热像仪将自动重新校准，温度测量标度相应更新，并且 LCD 显示屏右上角显示"自动"。

在手动范围模式下操作热像仪时，水平和跨度以及温度测量标度将使用固定设置，除非用户选择手动调整水平和跨度，或选择进行快速自动调节（参阅下面的部分）。LCD 显示屏右上角的温度测量标度显示"手动"。

当处于手动选取范围模式时，水平设置调整热像仪整个温度范围内的中点温度跨度。要设置水平：

① 进入手动范围模式后，按功能键转到水平，这样将使热像仪进入调整水平模式；

② 按功能键向上将温度跨度移至较高温度，或向下将跨度移至较低温度；

③ 要调整跨度，按功能键转到跨度（参阅"设置温度跨度"）；

④ 要捕获图像，扣动并释放扳机一次；

⑤ 要退出手动水平和跨度调整，迅速扣动并释放扳机两次以返回到实时查看，热像仪仍然保持在此水平，直到再次进行手动调整或热像仪返回自动模式。

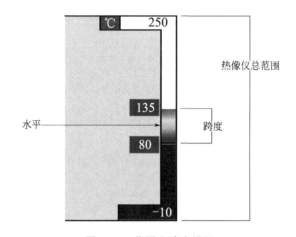

图 5-44　范围和跨度设置

当进入手动选取范围模式时，跨度设置调整整个热像仪量程内某个温度范围的调色板。如图 5-44 所示。要调整温度跨度：

① 进入手动范围模式（参阅"设置范围"）后，按功能键转到跨度，这样将使热像仪进入调整跨度模式；

② 按功能键增加扩大温度跨度的范围，或减小缩小范围；

③ 要调整水平，按功能键转到水平；

④ 要捕获图像，扣动并释放扳机一次；

⑤ 要退出手动水平和跨度调整，迅速扣动并释放扳机两次以返回到实时查看，热像仪仍然保持在此跨度，直到再次进行手动调整或热像仪返回自动模式。

（5）进行准确温度测量

地球上的所有物体都在辐射红外能量。所辐射能量的数量取决于两个主要因素：物体的表面温度和物体表面的发射率。热像仪能探测来自物体的红外能量并利用该信息估算物体的温度。多数被测物体，例如涂漆金属、木材、水、皮肤和织物，都能非常有效地辐射能量，所以容易获得很准确的测量值。

对于能有效辐射能量的表面（高发射率），发射率系数估计为0.95。此估计值适用于多数用途。但是这种简化对光亮的表面或未涂漆的金属不适合，这些材料不能有效地辐射能量，所以被归类为低发射率材料。为了准确地测量低发射率材料的温度，经常需要进行发射率校正。最简单的校正方法是将热像仪设为正确的发射率值，使热像仪能够自动计算正确的表面温度。如果热像仪使用固定发射率值（是指发射率设为一个值且用户无法更改），那么热像仪的测量值必须乘上一个在查表中找到的值，以获得更准确的实际温度估计值。

无论热像仪是否能够在计算温度测量值时调整发射率，对于发射率为0.60或更低值的表面，通常很难真正准确地测得其温度而不产生显著误差。如果需要准确地测量温度，通常最好的办法是在可行的情况下更改或提高表面的发射率。

Ti32和TiR32都能够通过直接输入一个值或使用内建值表格设置发射率。同时，也可提供更详细的发射率信息。

（6）设置发射率

给热像仪设置正确的发射率，对进行正确的温度测量至关重要。

要设置发射率值：

① 按🔘直到发射率显示在🄵¹上方；

② 按功能键发射率，此时发射率可以直接设为某个值或者从某些常见材料的发射率值列表中选择。

要从常见材料列表中选择：

① 按功能键向上或向下在列表中的材料之间移动，每种材料的发射率值显示在屏幕上；

② 按功能键完成选择选中的材料。

要直接设置发射率值：

① 按功能键向上或向下，分别增大或减小显示在功能键标签正上方的发射率值；

② 按功能键完成选择设定的值；

③ 等待主菜单消失，或迅速扣动并释放扳机两次以返回到实时查看。

注意：如果在热像仪上将"显示信息"设置设为全部显示，则目前发射率设置的信息可能会显示为"　＝xx"。

（7）设置反射背景温度（反射温度补偿）

在"背景"选项卡中设置热像仪的反射背景温度补偿。当被测物体表面发射率较低时，很热或很冷的物体可能会影响被测物体的温度测量准确度。调整反射背景温度设置，可提高温度测量的准确度。步骤如下：

① 按🔘，直到背景显示在🄵³上方；

② 按功能键向上或向下调整反射背景温度；

③ 结束时按完成；

④ 等待主菜单消失，或迅速扣动并释放扳机两次以返回到实时查看。

注意：如果在热像仪上将"显示信息"设置设为全部显示，则目前反射背景温度设置的信息可能会显示为"BG＝xx"。

（8）设置透射率校正

通过透红外窗口（IR 窗口/观察孔）进行红外检查时，目标物体发射的红外能量并未全部有效地透过窗口的光学材料。如果已知窗口的透射率，则可以在热像仪中或 SmartView® 软件中调整透射率校正设置。

调整透射率校正设置，可提高温度测量的准确度。步骤如下：

① 按 $\boxed{\text{F2}}$，直到透射率显示在 $\boxed{\text{F3}}$ 上方；

② 按功能键向上或向下进行调整，以适应热像仪正在检查的材料的透射率（%）；

③ 结束时按完成；

④ 等待主菜单消失，或迅速扣动并释放扳机两次以返回到实时查看。

注意： 如果在热像仪上将"显示信息"设置设为"全部显示"，则目前透射率校正设置的信息可能会显示为"　＝xx"。

（9）设置温度报警

在 Fluke Ti32 Thermal Imager 和 TiR32 Thermal Imager 中，可以设置温度报警功能。Ti32 具有高温报警功能，允许热像仪显示完整的可见光图像，同时仅显示所设报警水平以上的物体或区域的红外信息。TiR32 具有露点温度报警功能，允许热像仪显示完整的可见光图像，同时仅显示所设露点报警水平以下的物体或区域的红外信息。

复习与思考题

5-1 光伏电站检测的项目有哪些？

5-2 解释并网光伏电站的主要测试项目有哪些？

5-3 逆变器的检测项目有哪些？

5-4 光伏电站现场检测有哪些仪器可以使用？

参考文献

光伏产品检测技术
GUANGFU CHANPIN JIANCE JISHU

[1] 吴宗凡. 红外热像仪的原理和技术发展. 现代科学仪器，1997，2：28-40.

[2] 王博，黄鸣宇等. 并网光伏发电电能质量测试与分析. 低压电器，2013，2：33-37.

[3] 郑道. 并网光伏电站电能质量测试研究. 电气时代，2015，6：50-55.

[4] 黄瑛，刘友仁. 光伏发电系统并网电能质量测试数据分析. 江西电力，2012，1：1-6.

[5] 李松丽，薛永胜. 国内外光伏产品检测、认证机构检验. 太阳能，2010，2.